導讀

血糖升高，就真的要與美食劃清界線？

肉食熱量高，就只能吃蔬菜？

得了糖尿病，連水果都不能吃？

　　大多數人對糖尿病患者的飲食存在誤解。血糖升高，並不是要遠離肉、蛋、奶、水產等食物，也不是所有水果、糕點都要禁食。糖尿病患者的血糖控制得是否合理非常重要。控制一天攝入的總熱量是控制飲食的一個重要方面，要根據自己的體重和每天活動量，計算出每日需要的合理熱量，把熱量控制在這個範圍內就可以。

　　本書詳細介紹了確定自身熱量需要的計算方法和三餐比例，給糖尿病患者合理配搭了一週七日、一日三餐的健康食譜，以及降糖星級食物與禁忌食材；同時還有詳細做法、配圖、降糖說明，並標有食譜熱量，簡單易懂，輕鬆易學，讓糖尿病患者不再為日常飲食而煩惱。

降糖星級食物

糖尿病，在人們的印象中，除了併發症，就是無止境地忌口了。其實，對於血糖偏高的人群來說，飲食控糖非常重要。怎麼吃，吃甚麼才能夠科學地控制血糖？不妨來看看吧！

水果

西瓜
每日不超過 50 克

楊桃
熱量低，有很強的排毒功效

木瓜
含蛋白分解酵素，幫助降血糖

草莓
糖尿病患者的理想水果

蔬菜

生菜
減緩餐後血糖升高

西蘭花
含有鉻，能夠大大提升糖耐量

蘆筍
含有能降低血糖的成分，且能調節血糖濃度

芫茜
能延緩消化道對糖的吸收，改善微循環

穀物

粟米
升糖指數低，可控制血糖

紅豆
潤腸通便，輔助降血糖

豆角子
含有菸酸，是天然的血糖調節劑

蕎麥
升糖指數低

糖尿病

一日三餐 怎麼吃

新版

楊長春 主編

萬里機構

 檸檬
有效預防糖尿病
併發症

 蘋果
含有降糖成分

 火龍果
適量食用可預防
便秘

 橙
增強身體抵抗力

 櫻桃
富含花青素苷，
能降血糖

 菠蘿
富含膳食纖維，
可降低血糖水平

 荷蘭豆
所含磷脂可促進
胰島素分泌

 莧菜
控制血糖，提升
人體糖耐量能力

 苦瓜
將葡萄糖轉化為熱
量，降低血糖

 紫椰菜
花青素可幫助抑
制血糖上升

 青椒
降低人體血糖和
尿糖濃度，輔助
調節血糖

 白蘿蔔
食後有飽腹感，可
控制食物過多攝入

 薏米
可延緩餐後血糖
上升

 全麥粉
富含 B 族維他命，
可促進代謝

 綠豆
富含葉酸、多酚等，
幫助預防併發症

 黑米
適合糖尿病患者
的主食

 玉米粉
有益於調節血糖
水平

 高粱米
升糖指數低，延緩
身體對糖的吸收

水果是可以吃的，但是要選擇低糖水果，且要適量。大部分綠葉
蔬菜是降糖的好幫手。穀物類要嚴格控制食用量。

降糖禁忌食物

糖尿病，雖然不是無止境地忌口，但是對血糖偏高的人來說還是有很多食物是不能吃的。有哪些是糖尿病患者不能吃的食物呢？來看看吧！

水果

甘蔗
蔗糖、葡萄糖及果糖的含量高達 18%

龍眼
雖有補益作用，但含糖量較高，屬高熱量水果

荔枝
富含葡萄糖、果糖、蔗糖

香蕉
血糖生成指數較高且含糖量高

速食食品

爆谷
主要含量是澱粉，一種油炸食品

薯片
屬高熱量、高脂肪食物

蜂蜜
含糖量高達 40%

蜜餞
含糖量很高，會使血糖快速升高

其他

奶油
含大量飽和脂肪，降低胰島素敏感度

油炸花生
經油炸後的花生熱量較高

螃蟹
屬高膽固醇食物，含有大量的蛋白質和膽固醇

腰果
屬高脂肪和高植物蛋白食物

柿子
所含糖分比一般水果高，且大多是簡單的雙糖和單糖

葡萄
葡萄糖為單糖，易在腸道中被直接吸收

哈密瓜
哈密瓜含有葡萄糖、蔗糖和果糖等單糖及雙糖，消化吸收快

榴槤
屬熱燥之物，熱量及含糖量都很高

雪糕
會升高低密度脂蛋白膽固醇含量，降低高密度脂蛋白膽固醇含量

即食麵
典型的高熱量、高脂肪、低營養食品

可樂
其磷酸、咖啡因會加速人體鈣的流失，威脅患者的骨骼健康

月餅
屬高熱量、高糖、高澱粉食品

魚子
含膽固醇較高，過多攝入會使血糖升高

白酒
能使血糖升高，掩蓋患者症狀，加重病情

皮蛋
鹽含量很高，易誘發高血壓、冠心病等併發症

糯米
含糖量高，會在人體內代謝產生大量葡萄糖

禁忌食品即是在患者血糖沒降下來時不能吃的食品，含糖量都很高，攝入不當只會加重病情。應在血糖控制穩定的情況下適量食用。

目錄 Contents

第一章　算算每天的進食總熱量 /15

控制血糖一定要知道的膳食原則 ... 16

　　控制總熱量是根本 16

　　保證食物多樣性 17

　　這樣的烹飪方法更健康 18

　　進餐順序有講究 19

一日三餐熱量分配 20

　　如何確定自身熱量需要 20

　　重建飲食金字塔 21

　　三餐比例 3:4:3 22

　　升糖指數是甚麼 23

　　食物交換份 23

　　嘴饞怎麼辦 25

第二章　專家訂制一週控糖餐單 /27

星期一
Mon.

早餐　黑米雞肉粥 /28
　　　拍青瓜 /28

午餐　冬菇燒海參 /28
　　　苦瓜蘆筍 /29

晚餐　蓧麥麵 /29
　　　醋溜白菜 /29

星期二
Tue.

早餐　草莓麥片粥 /30
　　　涼拌苦瓜 /30

午餐　山藥燉鯉魚 /30
　　　涼拌萵筍片 /31

晚餐　粟米鬚蚌肉湯 /31
　　　三丁粟米 /31

星期三 Wed.

早餐　小米粥 /32
　　　芹菜豆腐乾 /32

午餐　菊花紅蘿蔔湯 /32
　　　番茄三文魚 /33

晚餐　冬菇薏米粥 /33
　　　青椒茄子 /33

星期四 Thu.

早餐　西洋參小米粥 /34
　　　涼拌紫椰菜 /34

午餐　芫茜蒸鵪鶉 /34
　　　番茄醬拌西蘭花 /35

晚餐　蕎麥麵疙瘩湯 /35
　　　菠蘿木瓜汁 /45

星期五 Fri.

早餐　櫻桃西米粥 /36
　　　蘆筍煎雞蛋 /36

午餐　牙帶魚炒苦瓜 /36
　　　冬菇燒竹筍 /37

晚餐　小米紅豆粥 /37
　　　薏米鴨肉煲 /37

星期六 Sat.

早餐　山藥茯苓粥 /38
　　　紅蘿蔔黃豆羹 /38

午餐　番茄炒牛肉 /38
　　　雙耳炒青瓜 /39

晚餐　紫菜青瓜湯 /39
　　　清炒莧菜 /39

星期日 Sun.

早餐　葛根粥 /40
　　　什錦鵪鶉蛋 /40

午餐　番茄豆角牛肉 /40
　　　椰菜炒青椒 /41

晚餐　鮮橙一碗香 /41
　　　番茄雞蛋湯 /41

第三章　大快朵頤，你也可以 /43

蔬菜，降糖效果超讚 44

白灼芥蘭 44

上湯黃豆芽 45

清炒通菜 46

紫椰菜山藥 47

青椒馬鈴薯絲 48

苦瓜炒紅蘿蔔 49

山楂汁拌青瓜 50

炒二冬 51

涼拌馬齒莧 52

冬菇炒芹菜 53

紅腸燉竹笙 54

素燒茄子 55

太極西蘭花 56

涼拌萵筍 57

秋梨三絲 58

山藥枸杞煲苦瓜 59

蒜泥茄子 60

冬菇青菜 61

薑汁豆角 62

雙菇豆腐 63

素燒冬瓜 64

燒鮑魚菇 65

涼拌豆角 66

木耳白菜 67

清炒魔芋絲 68

萵筍炒山藥 69

蒜薑拌菠菜 70

麻婆猴頭菇 71

豆腐乾拌大白菜 72

煎番茄 73

燉五香黃豆 74

蒜蓉炒生菜 75

金針菜炒青瓜 76

綠色沙律 77

西芹百合 78

蜇皮金針菇 79

白蘿蔔燉豆腐 80

冬菇燒冬瓜 81

粟米沙律 82

蓮藕青瓜沙律 83

海帶沙律 84

酸辣青瓜沙律 85

蘆筍沙律 86

蘑菇車厘茄沙律 87

海帶青瓜沙律 88

秋葵沙律 89

紫椰菜沙律 90

茄子沙律 91

桔梗冬瓜湯 92

雙色花菜湯 93

水果，優選含糖量低的 94

無花果枸杞茶 94

山楂荷葉茶 95

山楂金銀花茶 96

苦瓜檸檬茶 97

柳橙菠蘿汁 98

無花果豆漿 99

番茄柚子汁 100

梨子汁 101

奇異果蘋果汁 102

山楂青瓜汁 103

蘋果奇異果沙律 104

奇異果酸奶 105

番石榴汁 106

牛奶火龍果飲 107

無花果梨子汁 108

檸檬水 109

蘋果紅蘿蔔汁 110

草莓柚汁 111

奇異果檸檬汁 112

木瓜橙汁 113

楊桃菠蘿汁 114

蘆薈檸檬汁 115

番石榴芹菜豆漿 116

雪耳雪梨湯 117

柚子汁 118

火龍果紅蘿蔔汁 119

穀物，要控制進食量............ 120

黃豆枸杞漿 120

黑米花生漿 121

檸檬鱈魚通粉 122

涼拌蕎麥麵 123

大碗燴蓧麵 124

全麥飯 125

粟米粉發糕 126

田園馬鈴薯餅 127

豆腐餡餅 128

黑米粉饅頭 129

菠菜三文魚餃子 130

小米貼餅 131

赤小豆飯 132

粟米煎餅 133

蕎麥饅頭 134

炒蓧麵魚兒 135

裙帶菜馬鈴薯餅 136

燕麥麵條 137

豬肉蓧麥麵 138

蓮子粥 139

燕麥香芹粥 140

黑米黨參山楂粥 141

肉、蛋、奶，解饞又控糖 142

地黃麥冬煮鴨 142

芡實鴨肉湯 143

洋參山楂燉烏雞 144

雞蛋羹 145

五香牛肉 146

青瓜炒豬肉 147

燉老鴨 148

奇異果肉絲 149

藥芪燉母雞 150

鴛鴦鵪鶉蛋 151

牛奶蠔仔煲 152

魔芋鴨 153

芹菜牛肉絲 154

板栗黃燜雞 155

紅蘿蔔牛蒡排骨湯 156

山藥燉排骨 157

菠菜炒雞蛋 158

青椒炒蛋 159

雞肉扒小棠菜 160

翠玉瓜炒蝦皮 161

太子參煲鴿湯 162

雞絲炒豆角 163

牛肉山藥湯 164

枸杞山藥羊肉湯 165

南瓜瘦肉湯 166

粟米排骨湯 167

雞肉蛋花木耳湯 168

蘿蔔牛肉湯 169

紫菜蛋花湯 170

香橙雞肉沙律 171

水產類，糖尿病患者首選 172

青椒炒鱔段 172

清蒸牙帶魚 173

西蘭花豆酥鱈魚 174

洋葱炒黃鱔 175

翡翠鯉魚 176

蘋果燉魚 177

鯽魚燉豆腐 178

吞拿魚燒馬蹄粒 179

鯉魚木耳湯 180

板栗鱔魚煲 181

青豆鱈魚丁 182

檸檬煎鱈魚 183

馬鈴薯拌海帶絲 184

蝦皮海帶絲 185

鯽魚湯 186

蠔仔海帶湯 187

附錄 /188

食物血糖生成指數（GI）表 188

第一章

算算每天的進食總熱量

　　從根本上講，營養攝入不均衡造成的代謝紊亂是糖尿病發生的主要原因。高脂肪、高熱量的飲食方式，使體內膽固醇和甘油三酯升高，血液黏稠度升高，造成了糖、蛋白質和脂肪代謝紊亂，血糖升高，形成了糖尿病。這使得糖尿病患者在查出自己患有糖尿病的那一刻，似乎就意味着要和點心、糖等食物「劃清界線」。其實只要掌握科學的飲食方法，糖尿病患者也可以時不時「解解饞」。

⚡ 控制血糖一定要知道的膳食原則

控制總熱量是根本

甚麼是熱量

營養學上所說的熱量，又叫熱能，是指食物中可提供熱能的營養素，經過消化道進入體內代謝釋放，成為機體活動所需要的能量。食物中的糖類、脂肪在體內代謝後以不同的形式產生熱能，其中糖是主要且直接的能量供應方。

糖尿病患者的熱量提供是否合理非常重要。熱量過高，就會加重病情；過低，又會導致營養素攝入不足。總之，過高或過低都不利於病情的控制，所以糖尿病患者要科學安排主食和副食的攝入量。

怎麼控制總熱量

❶ 吃早餐。早餐不僅要吃，還要高質量地吃，即減少傳統高碳水化合物食物，增加富含優質蛋白的食物，這樣不僅能使人整個上午都精力充沛，中午也不會因為過於饑餓而難以控制食量，晚餐也能得到相應的控制，這樣一天的總熱量攝入就不易超標。

❷ 學會細嚼慢嚥。每一口食物都要充分咀嚼後再下嚥，從而放慢吃飯速度。這樣容易產生飽腹感，從而減少糖尿病患者的進食量。

❸ 正餐中多吃蔬菜。在同等重量的前提下，蔬菜熱量低，膳食纖維含量高，升糖指數也普遍偏低，多吃蔬菜可以增加飽腹感，從而控制主食的攝入。

❹ 估算，計劃總量。在每頓飯前估算出這一餐預計攝入的熱量，從而計劃好每道菜可以吃的量，做到心裏有底，這樣就可以在一定程度上避免每餐熱量不均、血糖不穩定的情況發生。

❺ 適量吃粗糧。吃粗糧對糖尿病的好處頗多，粗糧可以增加食物在胃裏的停留時間，延遲飯後葡萄糖吸收的速度，降低糖尿病、高血壓和心腦血管疾病的風險。同等重量的粗糧飽腹感相對細糧的要高，糖尿病患者在吃粗糧時攝入的熱量也會相對較低。但如果粗糧吃得太多，就會影響消化，過多的纖維可能導致腸道阻塞、脫水等急性症狀。

食物種類要廣泛，不偏食、不貪食。

保證食物多樣性

有人早上吃了一個白麵饅頭，下午就不吃饅頭，而是吃一碗麵條；中午吃了肉絲，晚上改吃排骨。但白麵饅頭、麵條其實只能算作是「食物多樣性」當中的一種，而不能算作兩種，因它們的原材料都是小麥；肉絲、排骨亦然。

中國營養學會發佈的膳食指南中，第一條就強調了「食物多樣性」。這個「多樣」是食物材料的多樣，以及食物類別的多樣。每天需攝入的食物材料應當在 20 種以上，不包括調味品。如果做不到，也儘量在 12 種以上。營養平衡的膳食是由多種類別的食品組成，不是某一類食物的多樣化，比如你只吃 20 種水果，或者只吃 20 種雜糧，照樣是一種偏食習慣。

按照合理比例，廣泛攝入各類食物，包括穀類、動物性食物、蔬菜和水果、豆類製品、奶類製品和油脂，才能達到營養均衡，滿足人體各種營養需求。

穀類是每日飲食的基礎，提倡食用部分粗糧。在控制總熱量的前提下，碳水化合物應佔總熱量的 50%~60%。在日常飲食中，糖尿病患者宜多選用含有複合碳水化合物的食物，尤其是富含高纖維的穀物等。

每日進食 50 克瘦肉，每週進食 2~3 次海魚，這些食物都含有豐富的優質蛋白。研究發現，如果想控制好血糖，重視蛋白質的攝取很重要。

奶類被稱為「全營養食物」，能提供我們人體所需的大多數營養素，其最大的營養貢獻是補鈣。大豆或豆製品也應經常吃，豆製品和肉類可以一起食用，以提高蛋白質的利用率。

每日進食 300 克以上的蔬菜和一兩種水果，多選用紅、黃、綠等深色蔬菜和水果。儘量選擇含水量大的水果、未熟透的新鮮水果，這樣更容易降低食物的血糖生成指數。含水量少的水果升糖指數較高，成熟的水果或放置時間較長的水果可能會糖化，從而使升糖指數升高。

這樣的烹飪方法更健康

清淡少鹽

對糖尿病患者而言，低脂、少油、少鹽，有利於對體重、血糖的控制，所以糖尿病患者應選少油、少鹽的清淡食品，利用食材的原味配搭出美味。

世界衛生組織（WHO）建議：糖尿病非高血壓患者一天食鹽量應不超過 5 克，糖尿病伴高血壓患者不超過 2 克；鹽的量要將醬油、鹹菜中的鹽量也考慮進來；適量攝入主食，增加副食，適時加餐。不少糖尿病患者為了達到控制血糖的目的，採取少吃主食甚至不吃主食、多吃副食的辦法來控制熱量的攝入，殊不知，這種做法由於攝入了更多的鹽、油，不僅達不到控制血糖的目的，甚至還可能加重病情。

攝入油過多，也會對糖尿病患者的健康產生不利影響，所以菜餚烹調可多用蒸、煮、涼拌、涮、燉、鹵等方式。平時應選擇食用植物油，並經常更換植物油的種類。儘量減少赴宴，在赴宴時也應按照平時在家吃飯時的量和食物間的配搭來選擇飯菜。

本書所有食譜中的熱量，以一盤菜（肉、蛋、豆腐 100 克左右，蔬菜 200 克左右為例），炒菜耗油 10 毫升，涼拌、煮、蒸、燉菜耗油 3~5 毫升油計算。想要每天油脂不超標，每天應只有 1~2 個炒菜，其餘為涼拌、蒸、煮、燉菜。採用不黏鍋、炒菜時放幾十毫升水的水油炒菜法、湯菜不放油等方式也可減少烹調用油。

做飯時「偷點懶」

在烹飪食物的時候不妨「懶」一點，如椰菜、椰菜花等蔬菜不要切，直接用手掰小；馬鈴薯、冬瓜等蔬菜則切得大一些；豆類整粒煮，不要磨成粉或去皮，這樣可以較大程度保證食物的營養不流失。

少油少鹽，進食要適量。

進餐順序有講究

　　糖尿病患者非常在意一日三餐的質和量，卻往往忽視進餐順序。同時，一些「老理兒」又在悄悄影響著人們的進餐順序：魚肉＋酒品→蔬菜→主食→湯→甜點或水果。殊不知，這種用餐順序很容易造成攝入食物過多、影響營養吸收以及餐後血糖增高等不良影響。不管人們進食的食物有多複雜，人體每次消化食物時，都會先集中在胃裏，經過一段時間形成食糜。

　　其實，只要稍微調整一下平日的進食順序：湯→清淡的蔬菜→肉類→主食，就可以讓我們的飲食既有質和量，又遠離疾病的煩惱。

先喝湯

　　中國人一般習慣飯後喝湯，糖尿病患者不妨先喝一小碗開胃湯，並採用熱量較低的去油清湯。吃飯前喝一小碗湯比較符合生理要求，因為適量的湯不但可以在飯前滋潤消化道，而且不至於過分增加胃容量，同時可以促進消化液有規律地分泌。

吃清淡的蔬菜

　　喝湯後先吃清淡的蔬菜，如葉菜、瓜類等低熱量的蔬菜，如果能涼拌或水煮，減少用油量更佳。

吃主食與肉類

　　最後才吃肉類與主食，一小口一小口慢慢吃，你會發現即使比往常吃得少，但已經吃飽了，這樣的進餐順序既可以讓人合理利用食物的營養，又能夠減少胃腸負擔，從而達到健康飲食的目的。

飯後不宜喝湯

　　吃飯後大量喝湯的最大缺陷在於過量的湯水會稀釋消化液，從而削弱腸胃的消化能力，甚至會引起胃過度擴張，長此以往，就會導致胃動力不足。

飯前先喝湯，可增加飽腹感。

🍴 一日三餐熱量分配

如何確定自身熱量需要

糖尿病患者在吃的方面，每天都要對熱量「斤斤計較」。因為控制一天攝入的總熱量，是控制飲食的一個重要方面。控制熱量並不意味着熱量攝入越少越好，熱量攝入太少，不足以提供一天消耗的能量，會引起低血糖。我們要根據自身的體重和每天活動量，計算出每日需要的合理熱量，把熱量控制在這個範圍內，就可以了。

第一步：測算體重

科學計算：體質指數（BMI）＝體重（公斤）/ 身高（米）^{2}

體質指數的正常範圍是 18.5~23.9，等於或超過 24 為超重，等於或超過 28 為肥胖，低於 18.5 為體重偏輕。

簡便計算：理想體重（公斤）＝身高（厘米）-105

精細計算：理想體重（公斤）＝[身高（厘米）- 100]×0.9

當實際體重在理想體重的90%~110% 範圍內時，體重屬正常；當實際體重超過理想體重的110%時，為超重；當實際體重超過理想體重的120% 時，為肥胖；當實際體重少於理想體重的80%時，則為消瘦。

注：1000 卡路里＝1 千卡

第二步：計算勞動強度

不同勞動強度每天消耗的熱量不同。一般來說，文員、酒店服務員等屬輕體力勞動；車床操作、金工切割等屬中體力勞動；煉鋼、裝卸、採礦等屬重體力勞動。如果在每天保證 6000 步運動量基礎上，還有半小時以上較激烈球類或其他運動，則按高一級的體力勞動強度計算。

第三步：算出 1 日總熱量

1 日需要的總熱量 =1 日每公斤體重所需熱量 × 理想體重

舉例：一位男士，身高 170 厘米，體重 70 公斤，平時從事輕體力勞動，他一天需要攝入多少熱量呢？

第一步：測算理想體重

170 - 105=65（公斤）

這位男士實際體重為 70 公斤，超過標準體重不到 10%，屬正常體重類型。

第二步：計算活動強度

正常體重下從事輕體力活動，每日每公斤體重需要 30 千卡熱量。

第三步：算出 1 日總熱量

1 日總熱量 =30 千卡 ×65 公斤 =1950 千卡

重建飲食金字塔

人體必需的營養素多達四十餘種，這些營養素必需通過攝取食物來滿足人體需要，如何選擇食物的種類和數量來配搭膳食是重中之重。糖尿病患者飲食的最大問題就是各類食物、各種營養素在飲食中的構成比例不夠協調。一旦飲食出現問題，身體上的各種毛病就顯現出來了。

中國營養學會針對中國居民膳食結構中存在的問題，推出了「中國居民平衡飲食金字塔」，將五大類食物合理配搭，構成符合中國居民營養需要的平衡膳食模式。

「飲食金字塔」建議的各類食物的攝入量一般是指食物的生重，而各類食物的組成是根據全國營養調查中居民膳食的實際情況計算的，所以每類食物的重量不是指某一種具體食物的重量。

補充解釋

每日膳食中應儘量包含「飲食金字塔」中的各類食物，但無須每日都嚴格按照「飲食金字塔」的推薦量。而在一段時間內，比如一週內，各類食物攝入量的平均值應當符合建議量。應用「飲食金字塔」可把營養與美味結合起來，按照同類互換、多種多樣的原則調配一日三餐。同類互換就是以糧換糧、以豆換豆、以肉換肉。

中國成年人每日最好吃蔬菜300~500 克，其中「深色蔬菜」約佔一半。深色蔬菜富含胡蘿蔔素，是中國居民維他命 A（胡蘿蔔素可轉化為維他命 A）的主要來源。多數蔬菜的維他命、礦物質、膳食纖維和植物化學因子含量高於水果，故推薦「每餐有蔬菜，每日吃水果」。但切記，蔬菜水果不能相互替代。糖尿病患者的飲食可根據實際病情、病程作相應調整。

鹽	< 6 克
油	25~30 毫升
奶及奶製品	300 毫升
大豆及堅果類	23~35 克
畜禽肉	40~75 克
水產品	40~75 克
蛋類	40~50 克
蔬菜類	300~500 克
水果類	200~350 克
穀薯類	250~400 克
全穀物和雜豆	50~150 克
薯類	50~100 克
水	1500~1700 毫升

三餐比例 3：4：3

注意進食規律，一日至少進食三餐，而且要定時、定量，兩餐之間要間隔 4~5 小時。注射胰島素的患者和易出現低血糖的患者還應在三次正餐之間加餐兩次，或稱為「三餐兩點」制，可從三次正餐中拿出一部分食品留作加餐用，這是防止低血糖行之有效的措施。

早餐：要吃好

起床後活動 30 分鐘，此時食慾最旺盛，是吃早餐的最佳時間。早餐所佔的營養總量以佔一日總量的 30% 為宜，即主食 100 克左右。如果早餐中包括了穀類、動物性食物（肉類、蛋）、奶及奶製品、蔬菜和水果等 4 類食物，則為早餐營養充足；如果只包括了其中 3 類，則早餐較充足；如果只包括了其中 2 類或更少，則早餐的營養不充足。

上午加餐

就餐時間宜為上午 10 點左右。上午加餐宜從三餐中「勻出」部分食物，如將早餐的水果（或渣汁不分離的全果汁）放在此時來吃，這樣不至於早餐集中，避免攝入過量的糖，也保證了上午血糖不至於過低；也可減少三餐熱量的攝入，額外增加低熱量食物。

午餐：要吃飽

午餐是承上啟下的一餐。午餐的食物既要補充上午消耗的能量，又要為下午的工作和學習做好必要的準備。不同年齡、不同體力的人午餐熱量應佔他們每天所需總熱量的 40%。以每日能量攝入 2201 千卡的人為例，主食宜在 100 克左右，可在米飯、饅頭、麵條、大餅、發糕等主食中選擇；副食宜配搭 50~100 克的肉禽蛋類，50 克豆製品，200~250 克蔬菜，總量在 400~500 克。

下午加餐

就餐時間最好在下午 3~4 點。可以在總熱量一定的情況下，適量吃些水果、乳酪。

晚餐：要吃少

晚餐比較接近睡眠時間，能量消耗也因之降低很多；因此，晚餐七八分飽即可。「清淡至上」更是晚餐必須遵循的原則。就餐時間最好在晚上 8 點以前。儘量少吃主食，還應多攝入一些新鮮蔬菜。

睡前加餐

睡前加餐是為了補充血中的葡萄糖，保證夜晚血糖不至於過低。因此，睡前是否加餐，取決於睡前糖尿病患者的血糖水平。如果血糖水平正常，那麼可以適當少量加餐，如果血糖水平高於正常水平，那麼就沒有必要加餐。如果血糖水平低於正常水平，則需要加餐，且應選擇澱粉類和蛋白質含量較高的食物，如花生、牛奶等。

升糖指數是甚麼

升糖指數，英文全稱 Glycemic Index，簡稱 GI，中文全稱「血糖生成指數」。是指在標準定量下（一般為 50 克）某種食物中碳水化合物引起血糖上升所產生的血糖時間曲線下面積和標準物質（一般為葡萄糖）所產生的血糖時間下面積之比值再乘以 100，它反映了某種食物與葡萄糖相比升高血糖的速度和能力。是反映食物引起人體血糖升高程度的指標，是人體進食後機體血糖生成的應答狀況。

升糖指數高的食物由於進入腸道後消化快、吸收好，葡萄糖能夠迅速進入血液，如果攝入過量，易轉化為脂肪積蓄，從而易導致高血糖的產生。而升糖指數低的食物由於進入腸道後停留的時間長，釋放緩慢，葡萄糖進入血液後峰值較低，引起餐後血糖反應較小，需要的胰島素也相應減少，所以避免了血糖的劇烈波動，既可以防止高血糖也可以防止低血糖，有效地控制血糖的穩定。

不同的食物有不同的升糖指數，通常把葡萄糖的升糖指數定為 100。升糖指數 >70 為高升糖指數食物；升糖指數 <55 為低升糖指數食物。

食物交換份

如何既保證熱量攝入不過多，又保證攝取的營養足夠和均衡呢？這就要靠「食物交換份」來幫忙了。

食物交換份：將食物分成穀類、水果類、蔬菜類、肉類、蛋類等不同種類，然後確定大約 90 千卡為一個交換單位，再計算出一個交換單位的各類食物的大致數量，就可以按照每天自己應該攝入的總熱量來自由交換各類食物。在總熱量不變的情況下，同類食物換着吃。

以下是各食物大類之間的互換，在每一類食物中，因為每一種食品所含的營養存在差異，所以各類食品之中有更加詳細的互換，比如 25克的大米可以交換成 100 克馬鈴薯。

等值穀類食物交換表 （1 個交換單位）			
食品	克數	食品	克數
各類米	25	各類麵粉	25
各種掛麵	25	餅乾	20
饅頭	40	涼粉	240
油炸麵點	22	非油炸麵點	35
魔芋	48	馬鈴薯	100
鮮粟米棒	175	濕粉皮	150

等值水果類食物交換表

食品	克數	食品	克數
西瓜	350	草莓	300
葡萄	200	梨子、杏	200
奇異果	150	梨、桃、蘋果	180
橘子、橙、柚子（帶皮）	200	柿子、香蕉、荔枝（帶皮）	120

等值蔬菜類食物交換表

食品	克數	食品	克數
各類葉菜	500	葫蘆、節瓜、菜瓜	500
洋蔥、蒜苗	250	豆角、扁豆	250
綠豆芽	500	紅蘿蔔、冬筍	200
苦瓜、絲瓜	400	毛豆、鮮青豆	70
鮮蘑菇、茭白	350	山藥、蓮藕	150
冬瓜	750	百合、芋頭	100

等值肉、蛋類食物交換表

食品	克數	食品	克數
豬肉	100	牙帶魚	80
雞肉	50	鴨肉	50
魚類	80	水發魷魚	100
瘦肉	50	肥肉	25
火腿、香腸	20	水發海參	350
雞蛋	60（約1個）	鴨蛋	60（約1個）
鵪鶉蛋	60（約6個）	皮蛋	60（約1個）
雞蛋白	150		

等值豆、奶類食物交換表

食品	克數	食品	克數
大豆	25	腐竹	20
老豆腐	100	嫩豆腐	150
豆漿	400	豆腐絲、豆腐乾	50
青豆、黑豆	25	芸豆、綠豆、赤小豆	40
牛奶	160	羊奶	160
奶粉	20	脫脂奶粉	25
無糖酸奶	130	奶酪	25

等值油脂、堅果類食物交換表

食品	克數	食品	克數
各種植物油	10	核桃、杏仁、花生	15
葵花子（帶殼）	30	西瓜子（帶殼）	35

嘴饞怎麼辦

　　為滿足糖尿病患者愛吃甜食的需求，市場上出現了形形色色「糖」的替代品——各種甜味劑。它們對血糖影響很小或者沒有影響，可以滿足糖尿病患者味蕾的需要。下面我們介紹幾種糖尿病患者可食用的甜味劑，可以在自己做點心的時候適量添加，讓糖尿病患者解解饞。需要提醒的是，替代品本身不是食品，需符合國家添加劑標準，過多無益。

含一定熱量的甜味劑

木糖醇

　　木糖醇在代謝初期，可能不需要胰島素參加，但在代謝後期，需要胰島素的幫助，所以木糖醇不能替代蔗糖。但也有專家認為，木糖醇不會引起血糖升高，還對防止齲齒有一定的作用。

山梨醇

　　山梨醇攝入後不會產生熱能，不會引起血糖升高，也不會合成脂肪和刺激膽固醇的形成，是糖尿病患者較理想的甜味劑。

不含或僅含少許熱量的甜味劑

阿斯巴甜

　　阿斯巴甜是目前佔有極大市場的非糖果甜味劑。優點是安全性較高，可以顯著降低熱量攝入而不會造成齲齒，還可以被人體自然吸收分解。阿斯巴甜的缺點是遇酸、熱的穩定性較差，不適宜製作溫度高於 150℃ 的麵包、餅乾、蛋糕等焙烤食品和酸性食品。但阿斯巴甜畢竟是食品添加劑，須少食。

甜葉菊苷

　　甜葉菊苷是從植物中提取的天然成分，所以比較安全。

　　但要注意的是，無糖點心是指沒有加入蔗糖的食品，但並不代表是真的「無糖」，只是將蔗糖換成了糖的替代品。大多數無糖點心是用糧食做成的。糧食的主要成分就是碳水化合物，它在體內可以分解成葡萄糖。因此，糖尿病患者在食用無糖食品時需要節制。

甜葉菊配搭綠茶，可降低血壓。

第二章

專家定制
一週控糖餐單

　　三餐是人體所需能量的主要來源，如果攝入不足或過量，都可能引起代謝紊亂。當攝入不足時，不僅營養素缺失，機體還會分解自身的蛋白質和脂肪來滿足能量需要，導致營養不良及代謝紊亂。當攝入過量時，可造成皮下脂肪及內臟脂肪堆積，引起胰島素抵抗等代謝問題。糖尿病患者要科學安排一天三餐飲食，合理控糖，這裏有專家專門定制的一週控糖餐單。

早餐

黑米雞肉粥 嚴格控制量

191.6 千卡　　**中**[1] 熱量

材料：黑米 25 克，雞肉 50 克，紅蘿蔔 50
克，鹽適量。

做法：雞肉煮熟切丁；紅蘿蔔洗淨切丁；
黑米洗淨。鍋內加水，下入洗好的
黑米燒開，下入紅蘿蔔丁、雞丁，
用小火熬製軟爛，加鹽即可。

 早餐

拍青瓜 青瓜升糖指數較低

68.2 千卡　　**中** 熱量

材料：青瓜 150 克，香油 5 毫升，蒜泥、
醋、鹽各適量。

做法：青瓜洗淨用刀背拍扁，切成適宜入
口的大小，加入調味品拌勻即可。

 午餐

冬菇燒海參

不放油的烹調方式更適合糖尿病患者

156.8 千卡　　**中** 熱量

材料：海參 50 克，鮮冬菇 100 克，料酒、
薑片、鹽各適量。

做法：將海參和薑片煮 6 分鐘，撈出。鍋
中加清水、冬菇，燒開後加入海參，
煮 20 分鐘後再加入料酒、鹽，待
收汁即可。

注①：每 100 克固體食物中，小於 40.6 千卡屬低熱量，在 40.6~406.3 千卡之間屬中熱量，
大於 406.3 千卡屬高熱量。

午餐

苦瓜蘆筍　可適量配搭一些主食

121.2 千卡　**中** 熱量

材料：苦瓜 100 克，蘆筍 50 克，蒜末、鹽、
　　　植物油各適量。

做法：將苦瓜、蘆筍分別切片焯一下，放
　　　冷水中冷卻，乾瀝乾水分。鍋內放
　　　入植物油燒熱，爆香蒜末，放入苦
　　　瓜和蘆筍翻炒。加入鹽翻炒片刻，
　　　待菜炒熟即可。

晚餐

蕎麥麵

蕎麥不易消化，腸胃不好的人要控制量

308.3 千卡　**中** 熱量

材料：蕎麥麵條 75 克，葱花、蒜末、芫茜、
　　　鹽、醋、醬油各適量，香油 3 毫升。

做法：將蕎麥麵條用溫水泡至無硬心，乾
　　　瀝乾水分。加入葱花、蒜末、芫茜、
　　　鹽、醋、醬油、香油調勻即可食用。

晚餐

醋溜白菜　可加些豆腐或蝦米等

115.6 千卡　**中** 熱量

材料：大白菜 150 克，蒜末、鹽、乾辣椒、
　　　醋各適量，植物油 10 毫升。

做法：大白菜洗淨，用手撕開，備用。在
　　　鍋內倒入適量植物油，放入乾辣椒、
　　　蒜末煸炒。出香味後放入大白菜，
　　　炒至七成熟。倒入醋、鹽，炒勻後
　　　出鍋即可。

大白菜利腸通便，幫助消化。

早餐

草莓麥片粥　嚴格控制量

材料：燕麥片 25 克，草莓 50 克。

做法：將草莓去蒂，洗淨，搗爛備用。坐鍋點火，放入搗爛的草莓，加入適量清水。放入燕麥片煮沸。轉入小火煮至粥將成，攪拌均勻即可。

109.9 千卡　中 熱量

宜挑選純燕麥片。

早餐

涼拌苦瓜　香油一定要少放

材料：苦瓜 100 克，醋、蒜末、生抽、鹽各適量，香油 5 毫升。

做法：苦瓜洗淨，切成細片，放在碗中。加入各調味料拌勻即可。

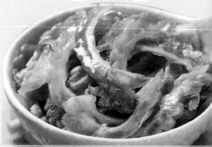

66.7 千卡　中 熱量

苦瓜清熱解毒、降血糖。

午餐

山藥燉鯉魚

可適量配搭一些主食

材料：鯉魚 200 克，山藥 100 克，料酒、薑片、鹽各適量，植物油 10 毫升。

做法：山藥去皮，洗淨切片。鍋入植物油，上火燒熱，放入魚煎至皮略黃，再加入山藥、料酒、薑片、鹽、水，中火煮至山藥爛熟即可。

263.4 千卡　中 熱量

涼拌萵筍片

67.1 千卡　中 熱量

熱量較低，應少放鹽和香油

材料： 萵筍 200 克，蒜末、鹽、醋各適量，香油 5 毫升。

做法： 萵筍洗淨切片，加鹽略醃，出水後，把水擠淨，放入盤中。往盤中加入香油、鹽。按個人口味加入一點兒醋和蒜末。

粟米鬚蚌肉湯

69.7 千卡　中 熱量

升糖指數較低，建議加餐吃一些小點心或花生等

材料： 粟米鬚 50 克，鮮河蚌 300 克，鹽適量。

做法： 將粟米鬚洗淨備用；取鮮河蚌用開水略煮沸，去殼取肉，切片。把全部用料一起放入鍋內，加清水適量。大火煮沸後，小火煮 1 小時，加鹽調味即可。

三丁粟米

341.4 千卡　中 熱量

粟米中缺乏色氨酸，與豆類配搭能補不足

材料： 粟米粒 100 克，青豆 30 克，紅蘿蔔丁 30 克，鹽適量，橄欖油 10 毫升。

做法： 將粟米粒、紅蘿蔔丁、青豆用開水汆燙。鍋內倒入適量橄欖油，倒入材料及鹽翻炒均勻。

宜選新鮮粟米，要適量。

 早餐

小米粥

小米粥煮爛一點，宜於養胃

82 千卡　中 熱量

材料：小米 25 克。

做法：將小米淘洗乾淨，放入鍋內，加入
　　　　適量清水，煮至粥熟即可食用。

早餐

芹菜豆腐乾

宜多放芹菜，豆腐乾要適量

285 千卡　中 熱量

材料：芹菜 200 克，豆腐乾 100 克，鹽適
　　　　量，植物油 10 毫升。

做法：芹菜洗淨切成 3 厘米長條；豆腐乾
　　　　洗淨切同樣大小。鍋內放植物油燒
　　　　熱，放入豆腐乾和芹菜快炒後，用
　　　　鹽調味，出鍋盛盤即可。

芹菜宜除去老葉。

 午餐

菊花紅蘿蔔湯

可適量添加主食

90.6 千卡　中 熱量

材料：菊花 6 克，紅蘿蔔 100 克，鹽適量，
　　　　香油 5 毫升。

做法：紅蘿蔔洗淨切成片，待用。鍋內注入
　　　　清水。待水開後放入菊花、紅蘿蔔，
　　　　開中火煮至紅蘿蔔熟爛。放少許
　　　　鹽，淋上香油，出鍋盛入湯盆即可。

午餐

番茄三文魚

> 嚴格控制量，也可以嘗試番茄蒸三文魚

279.1 千卡　中 熱量

材料：三文魚 150 克，番茄 100 克，白皮洋葱 50 克，蠔油 10 毫升，鹽適量。

做法：三文魚塊抹鹽；番茄洗淨切塊；洋葱洗淨切粒。用中火把三文魚塊煎金黃。把洋葱炒香，放入番茄，翻炒，倒入鹽、蠔油、水調味，煮至黏稠，倒在三文魚上。

晚餐

冬菇薏米粥 米不宜煮太爛

262.7 千卡　中 熱量

材料：薏米 25 克，大米 50 克，冬菇丁 10克。

做法：薏米浸泡約 2 小時；大米浸泡 30分鐘。將薏米、大米、冬菇丁放入電飯鍋中燜成粥即可。

可作為主食食用。

晚餐

青椒茄子 嚴格控制量

136.1 千卡　中 熱量

材料：茄子 100 克，青椒 100 克，鹽適量，植物油 10 毫升。

做法：將茄子洗淨切片；青椒去蒂洗淨切成片。鍋內放底油，放入茄子片煸炒至快熟，再將青椒片放入，煸炒幾下，加鹽炒勻起鍋即成。

90.3 千卡　**中** 熱量

早餐 | **西洋參小米粥** 　嚴格控制量

材料：西洋參3克，小米25克。

做法：西洋參洗淨後浸泡一夜，切碎；小米洗淨。砂鍋加適量溫水，放入小米、西洋參及浸泡西洋參的清水，大火燒沸。轉小火熬煮熟，涼至溫熱服食。

宜選擇新鮮的小米。

68.9 千卡　**中** 熱量

早餐 | **涼拌紫椰菜**

紫椰菜食用過多時可適量減少主食

材料：紫椰菜100克，醋、蒜末、生抽、鹽、芫茜葉各適量，香油5毫升。

做法：紫椰菜洗淨，控乾，切成細絲，放在碗中。加入調味料拌勻即可。

172.4 千卡　**中** 熱量

午餐 | **芫茜蒸鵪鶉**

少鹽少油，保留食材營養

材料：鵪鶉200克，芫茜、薑片、生粉水、醬油、鹽各適量，香油5毫升。

做法：鵪鶉和薑片放入盤中，醬油、生粉水、鹽攪拌後倒在鵪鶉上，再淋上香油。放入蒸鍋，隔水加蓋蒸10分鐘。出鍋，將芫茜放於鵪鶉上即可。

午餐

番茄醬拌西蘭花

84.4 千卡　　**中** 熱量

焯水時可加少許油和鹽

材料：西蘭花 200 克，番茄醬 15 克。

做法：將西蘭花洗淨、切好，焯熟，擺入盤中。加番茄醬入盤中，攪拌均勻即可。

西蘭花富含維他命 C。

晚餐

蕎麥麵疙瘩湯　嚴格控制量

297.7 千卡　　**中** 熱量

材料：蕎麥麵 75 克，紅蘿蔔、南瓜、葱、鹽、醬油各適量，香油 5 毫升。

做法：紅蘿蔔、南瓜洗淨切丁；葱切成小段。將處理好的材料一起煮開，加鹽、醬油調味。將和好的蕎麥麵撥入湯中，煮開，加入適量香油即可。

晚餐

菠蘿木瓜汁　宜飯前飲用

37.6 千卡　　**低** 熱量

材料：菠蘿 50 克，木瓜 50 克，藍莓、冰塊各適量。

做法：菠蘿去皮去釘切塊；藍莓洗淨；木瓜去皮去籽切塊。所有食材放入榨汁機中榨汁。將冰塊放入杯中，倒入榨好的果汁即可。

有助於分解蛋白質和澱粉。

早餐 櫻桃西米粥

也可作為加餐食用，宜適量

94 千卡　　**中** 熱量

材料： 西米 25 克，櫻桃 10 克。

做法： 將櫻桃洗淨去核切小塊；西米用冷水浸泡 2 小時，乾瀝乾水分。鍋裏加入適量水、西米，用大火煮沸後，改用小火煮至西米浮起。下入櫻桃，燒沸，待櫻桃浮起即可。

早餐 蘆筍煎雞蛋

蘆筍可以改善糖尿病症狀

149.4 千卡　　**中** 熱量

材料： 蘆筍 150 克，雞蛋 1 個，橄欖油 5 毫升。

做法： 將蘆筍洗淨切段，放在淨鍋中烤軟。油鍋中加入雞蛋，待定型後，加水，蓋上鍋蓋把雞蛋燜熟。把雞蛋盛出，和蘆筍一起碼在盤邊上即可。

雞蛋可以防治由高血糖引起的周圍神經病變。

午餐 牙帶魚炒苦瓜

嚴格控制量，可配搭適量主食

243.9 千卡　　**中** 熱量

材料： 苦瓜 50 克，牙帶魚 150 克，洋葱、蒜、鹽各適量，橄欖油 10 毫升。

做法： 處理好的牙帶魚小火煎至兩面金黃；苦瓜洗淨切片；洋葱洗淨切丁；蒜切碎。炒香蒜粒、洋葱，倒入牙帶魚、苦瓜輕輕翻炒，加鹽調味即可。

午餐

冬菇燒竹筍　竹筍可換成小棠菜

材料：冬菇（乾）5 克，竹筍 150 克，生粉水、醬油、薑、蒜、鹽，橄欖油各適量。

做法：竹筍洗淨，切片，焯水。油鍋入薑、蒜後放入竹筍、冬菇翻炒。放入醬油，加少量水，改中火，生粉水勾芡，加鹽翻炒均勻。

92.3 千卡　**中** 熱量

儘量減少油、鹽的用量。

晚餐

小米紅豆粥

健脾消食，防止反胃

材料：小米 25 克，紅豆 25 克。

做法：紅豆提前浸泡 4 小時以上；小米淘洗乾淨。所有材料放入電飯鍋內，加入適量清水，煮成粥即可食用。

171.4 千卡　**中** 熱量

小米粥開胃又養胃。

晚餐

薏米鴨肉煲　嚴格控制量，去除鴨皮

材料：帶骨鴨肉 100 克，薏米 25 克，薑、葱、鹽各適量，香油 5 毫升。

做法：鴨肉洗淨切塊；薏米洗淨，去雜質；薑切片，葱切段。將薏米、鴨肉、薑片、葱段同放燉鍋內，加清水，置大火上燒沸。用小火燒煮 35 分鐘，加入鹽、香油即可。

298.4 千卡　**中** 熱量

早餐

山藥茯苓粥

80.4 千卡　**中** 熱量

米不宜煮爛，宜選鐵棍山藥

材料：山藥片 20 克，大米 20 克，茯苓、
　　　　鹽各適量。

做法：將大米、山藥片、茯苓分別洗淨，
　　　　放入砂鍋，加適量水，大火燒開，
　　　　煮成粥，加入鹽拌勻即可。

可改善脾胃消化吸收功能。

早餐

紅蘿蔔黃豆羹　嚴格控制量

211.9 千卡　**中** 熱量

材料：紅蘿蔔 100 克，黃豆 20 克，鹽、
　　　　葱花各適量，植物油 10 毫升。

做法：紅蘿蔔洗淨切段；黃豆浸泡磨碎。
　　　　油鍋燒熱，爆香葱花，加入紅蘿蔔、
　　　　鹽炒至入味。另起鍋放豆末燒熟，
　　　　加入紅蘿蔔、水煮沸即可。

午餐

番茄炒牛肉

225.9 千卡　**中** 熱量

單吃牛肉油膩，不利於糖尿病患者控制血糖

材料：牛裏脊肉 100 克，番茄 150 克，黑胡
　　　　椒粉、鹽各適量，橄欖油 10 毫升。

做法：番茄洗淨切大塊；牛肉洗淨切片。
　　　　鍋中入油，將牛肉放入煸炒，八成
　　　　熟後放入番茄，直至牛肉熟透，放
　　　　入黑胡椒粉、鹽調味即可。

午餐

雙耳炒青瓜　可適量配搭主食

130.2 千卡　**中** 熱量

材料：木耳（乾）5 克，雪耳（乾）5 克，青瓜 100 克，蔥、薑、鹽各適量，植物油 10 毫升。

做法：雪耳、木耳洗淨泡發；青瓜洗淨，切片，蔥、薑切絲備用。油鍋燒熱，爆香蔥、薑，加入雪耳、木耳、青瓜片，翻炒片刻，加鹽調味即可。

青瓜可以不用削皮。

晚餐

紫菜青瓜湯

低升糖指數，可適量吃一些小點心

155.6 千卡　**中** 熱量

材料：青瓜 100 克，紫菜（乾）3 克，蝦米、醬油、鹽各適量，香油 5 毫升。

做法：先將青瓜洗淨切片狀備用；紫菜、蝦米洗淨。鍋內加入清水燒沸，放入青瓜、蝦米、鹽、醬油，煮沸後撇浮沫。下入紫菜略煮，出鍋前淋上香油，調勻即可。

晚餐

清炒莧菜　宜少鹽少油

96.5 千卡　**中** 熱量

材料：莧菜 150 克，蒜、鹽各適量，植物油 5 毫升。

做法：將莧菜去老梗，洗淨。直接將莧菜與碎蒜放入鍋中，以中火烤莧菜。順鍋邊倒入植物油，翻炒均勻。加鹽。以小火將莧菜燒七八分鐘，使汁完全滲出即可。

早餐

葛根粥 `米不宜煮太爛`

86.2 千卡　**中** 熱量

材料：大米 25 克，葛根適量。

做法：大米與葛根同入砂鍋內，加水 250 毫升，用小火煮熟即可。

早餐

什錦鵪鶉蛋

`鵪鶉蛋可阻止血液中膽固醇沉澱和凝結`

84.7 千卡　**中** 熱量

材料：熟鵪鶉蛋 9 個，木耳、豆腐各 15 克，火腿、小棠菜末、鹽、生粉水各適量，香油 5 毫升。

做法：將食材加鹽、香油、生粉水調勻成餡。熟鵪鶉蛋切開，挖掉蛋黃，填入餡料，上籠蒸 10 分鐘取出裝盤。

午餐

番茄豆角牛肉

`先將豆角焯水，再與牛肉同炒`

232 千卡　**中** 熱量

材料：嫩牛肉 100 克，番茄 100 克，豆角 50 克，葱、薑、蒜、鹽、植物油各適量。

做法：牛肉切片；番茄切塊；豆角切段。油鍋燒熱，煸炒葱、薑、蒜、肉片。下番茄、豆角。加水燜煮，加鹽即可。

椰菜炒青椒 不宜加熱過久

午餐

130 千卡　中 熱量

材料：椰菜 100 克，紅蘿蔔 25 克，青椒 25 克，生粉水、薑、鹽、蒜、葱各適量，橄欖油 10 毫升。

做法：椰菜洗淨，撕成片；青椒、紅蘿蔔洗淨切片。油鍋燒熱，翻炒葱、薑、蒜出香味。入青椒翻炒，再入紅蘿蔔、椰菜放鹽炒熟。

鮮橙一碗香 嚴格控制量

晚餐

173.4 千卡　中 熱量

材料：鮮橙 1 個，鯖魚 200 克，西蘭花 10 克，紅蘿蔔 10 克，冬菇（乾）10 克，筍、薑、葱、鹽各適量，橄欖油 10 毫升。

做法：鮮橙切開，挖出橙肉。餘下所有食材洗淨切丁，加薑、葱、鹽翻炒。將菜裝入橙碗中，蒸 1~2 分鐘即可。

番茄雞蛋湯 番茄可去皮

晚餐

147.3 千卡　中 熱量

材料：番茄 150 克，雞蛋 1 個，葱花、鹽各適量，香油 5 毫升。

做法：番茄洗淨切片後放鍋中翻炒，鍋中倒入水，待水開後將打散的雞蛋倒入，幾分鐘後放入鹽、香油，撒上葱花即可。

黃金配搭，適合糖尿病患者食用。

第章

大快朵頤
你也可以

　　很多觀點認為，糖尿病患者不能吃很多東西，特別是高糖、高熱量食物。但並不是所有的食物都是糖尿病患者的大忌，糖尿病患者也能大快朵頤。主要提供膳食纖維、礦物質、維他命 C 和胡蘿蔔素的蔬菜；提供蛋白質、B 族維他命、礦物質的肉、蛋、奶、水產類；提供碳水化合物、B 族維他命、膳食纖維的穀物、薯類等，糖尿病患者在日常膳食中，都可以正確選擇。

白灼芥蘭

5.2 克碳水化合物　　5.6 克蛋白質　　10.8 克脂肪

132.4
千卡

白灼芥蘭的熱量較低，可以加一些蠔油。

材料 🍲6

芥蘭 200 克，蔥、薑、蒜、生抽各適量，植物油 10 毫升。

做法

❶ 芥蘭洗淨、切段後放入開水中焯熟，擺盤。

❷ 將蔥、薑、蒜切末。

❸ 鍋內放植物油，將蔥末、薑末、蒜末倒入鍋中爆香，再放入生抽調汁。

❹ 將調味汁倒在芥蘭上即可。

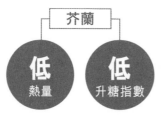

芥蘭

低
熱量

低
升糖指數

注①：GI 值大於 70 為高升糖指數食物；GI 值在 55~70 之間為中升糖指數食物；GI 值小於 55 為低升糖指數食物。

芥蘭中的膳食纖維進入胃腸後，能延緩人體對食物中葡萄糖的吸收，降低胰島素需求量，穩定餐後血糖。芥蘭中的膳食纖維能加快腸道蠕動，有助於消化，防止便秘。

上湯黃豆芽

183.1
千卡

9 克碳水化合物　9 克蛋白質　13.2 克脂肪

> 所含的熱量較低，適合糖尿病患者經常食用，可適當減少主食的量。

材料 5

黃豆芽 200 克，上湯 100 毫升，鹽、蒜各適量，橄欖油 10 毫升。

做法

❶ 黃豆芽洗乾淨，乾瀝乾備用；蒜切片。

❷ 熱鍋內放橄欖油，放蒜片爆香。

❸ 倒入洗淨的黃豆芽翻炒片刻，倒入上湯，再翻炒。

❹ 待豆芽變透明狀，加鹽翻炒均勻即可。

黃豆芽

中
熱量

低
升糖指數

黃豆芽所含維他命 B₁ 等 B 族維他命有利於能量在體內的代謝。黃豆芽含有的膳食纖維能減少消化系統對糖分的吸收，延緩餐後血糖上升。

清炒通菜

7.2 克碳水化合物　　4.4 克蛋白質　　10.6 克脂肪

134.7
千卡

通菜不宜炒得太爛。

材料 6

通菜 200 克，葱花、蒜末、鹽、植物油各適量，香油 10 毫升。

做法

1. 將通菜擇洗乾淨，乾瀝乾水分。
2. 炒鍋置大火上，加植物油燒至七成熱時，放入葱花、蒜末炒香。
3. 下通菜炒至剛熟，加鹽翻炒。
4. 淋香油，裝盤即可。

通菜

低 熱量　　**低** 升糖指數

通菜含有類似胰島素的物質，可用於降低血糖，穩定血糖。其菜葉萃取物中含有大量黃酮類物質，其所含槲皮素的抗氧化能力很高，可有效清除血管中的自由基，保持血管的暢通與彈性。

紫椰菜山藥

501.9
千卡

12.4 克碳水化合物　1.9 克蛋白質　0.2 克脂肪

糖尿病患者不適合
食用拔絲山藥。

材料 4

山藥 100 克，紫椰菜
100 克，桂花 5 克，
木糖醇適量。

做法

1. 將山藥洗淨，上鍋蒸熟。蒸熟後晾涼將皮刮
   掉，切成長條狀。
2. 將紫椰菜洗淨，切碎，用榨汁機將其打成汁，
   放入木糖醇。
3. 將山藥放入紫椰菜汁內浸泡 1~2 小時至均勻
   上色。
4. 山藥排盤後撒上桂花即可。

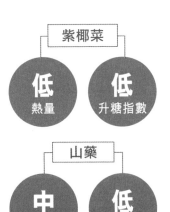

紫椰菜

低
熱量

低
升糖指數

山藥

中
熱量

低
升糖指數

山藥升糖指數比較低，且含有山藥黃酮、山
藥皂苷、山藥多醣等，有降低血糖的功效，
是糖尿病患者的優選蔬菜。山藥中的黏液蛋
白，能防止脂肪沉澱在血管上，保持血管彈
性，阻止動脈粥樣硬化。

47

青椒馬鈴薯絲

22.6 克碳水化合物　3 克蛋白質　10.4 克脂肪

190.1
千卡

> 馬鈴薯的熱量並不很低，建議適量食用，並相應減少主食的量。

材料 4

青椒 100 克，馬鈴薯 100 克，鹽 3 克，植物油 10 毫升。

做法

❶ 馬鈴薯去皮，洗淨切絲，放在水中浸泡，入鍋前從水中撈出乾瀝乾。

❷ 青椒洗淨，切絲。

❸ 鍋中倒入植物油，待植物油熱後放入青椒絲煸炒至香味，再倒入馬鈴薯絲翻炒至熟，加鹽炒勻即可。

馬鈴薯

中
熱量

中
升糖指數

青椒

低
熱量

低
升糖指數

青椒中含有的辣椒素具有促進葡萄糖利用，增加胰島素敏感性及降脂等藥理功效。青椒中富含的維他命 C 可抵抗氧化應激，預防胰島素抵抗和胰腺 β 細胞功能受損。

苦瓜炒紅蘿蔔

155.7 千卡

15.1 克碳水化合物　2.4 克蛋白質　10.3 克脂肪

可以減少紅蘿蔔的量,並適量食用。

材料 5

苦瓜 100 克,紅蘿蔔 100 克,蔥花、鹽各適量,植物油 10 毫升。

做法

❶ 苦瓜洗淨,縱向切成兩半,去瓤,切片。

❷ 紅蘿蔔削皮洗淨,切成薄片。

❸ 鍋內加植物油燒熱,放入苦瓜片和紅蘿蔔片,大火快炒 5 分鐘。

❹ 加入鹽,轉中火炒勻即可盛出,撒上蔥花即可。

紅蘿蔔

中 熱量　　**低** 升糖指數

苦瓜

低 熱量　　**低** 升糖指數

苦瓜含一種類胰島素物質,能使血液中的葡萄糖轉換為熱量,降低血糖,故一些人稱苦瓜為「植物胰島素」。長期食用,可以減輕人體胰腺的負擔。

山楂汁拌青瓜

18.4 克碳水化合物　　1.9 克蛋白質　　0.7 克脂肪

81.9
千卡

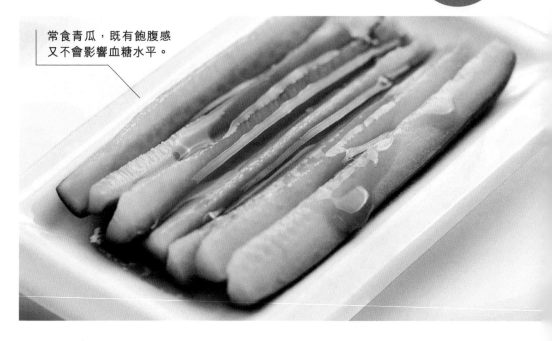

常食青瓜，既有飽腹感又不會影響血糖水平。

材料

小嫩青瓜 200 克，山楂 50 克。

做法

① 先將小嫩青瓜洗淨，然後切成條狀。

② 山楂洗淨，放入鍋中加水 200 毫升，煮約 15 分鐘，取汁液 100 毫升。

③ 青瓜條入鍋中加水略焯，撈出盛盤。

④ 山楂汁在小火上慢熬至濃稠，倒在青瓜條上拌勻即可。

青瓜

低 熱量　　**低** 升糖指數

山楂

中 熱量　　**低** 升糖指數

山楂能活血通脈，降低血脂，抗動脈硬化，改善心臟活力，興奮中樞神經系統，有預防糖尿病血管併發症的作用；青瓜的熱量極低，對血糖影響較小。

炒二冬

55.7
千卡

12.5 克碳水化合物　1.9 克蛋白質　10.5 克脂肪

營養豐富，非常適合糖尿病患者。

材料 7

冬瓜 200 克，冬菇 5 克，蔥、薑、鹽、生粉水各適量，植物油 10 毫升。

做法

❶ 冬瓜洗淨去皮，切成小塊；冬菇水發後切成薄片，放入沸水中焯一下；蔥、薑切絲備用。

❷ 鍋內放植物油燒至五成熱，放入蔥、薑絲煸炒出味。

❸ 下入冬瓜、冬菇，翻炒片刻，加鹽調味。

❹ 用生粉水勾芡即可。

```
        冬瓜
   低          低
 熱量       升糖指數

        冬菇
   中          低
 熱量       升糖指數
```

冬瓜含有的丙醇二酸能抑制澱粉、糖類轉化為脂肪，防止體內脂肪堆積，尤其適合糖尿病、高血壓、冠心病患者食用。冬瓜潤腸通便，可輔助治療糖尿病併發便秘。

涼拌馬齒莧

9.2 克碳水化合物　　4.8 克蛋白質　　5.8 克蛋白質

少油少鹽，適量
食用即可。

材料 5

馬齒莧 200 克，生抽、
鹽、醋、香油各適量。

做法

❶ 將馬齒莧洗淨，焯水。

❷ 擠掉多餘水分，剁碎裝盤。

❸ 將鹽、生抽、醋、香油倒入盤中拌勻即可。

馬齒莧

低
熱量

低
升糖指數

馬齒莧含有大量去甲腎上腺素，能促進胰腺
分泌胰島素，調節人體糖代謝，對降低血糖
濃度、保持血糖穩定有輔助作用。

冬菇炒芹菜

11.6 克碳水化合物　　3.5 克蛋白質　　10.5 克脂肪

145.7
千卡

本品補氣益胃，
解毒降壓。

材料 7

冬菇 50 克，芹菜 200
克，生粉水、醬油、鹽、
薑各適量，植物油 10
毫升。

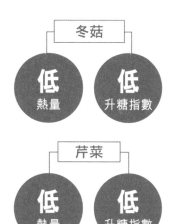

```
┌─── 冬菇 ───┐
低          低
熱量      升糖指數

┌─── 芹菜 ───┐
低          低
熱量      升糖指數
```

做法

❶ 冬菇洗淨後切片；芹菜擇洗乾淨，斜切成段；
薑切絲。

❷ 將冬菇片、芹菜段同入沸水鍋中焯透，撈出，
控乾水。

❸ 炒鍋上火，放植物油、薑絲爆香，下冬菇、
芹菜段煸炒。

❹ 加醬油、鹽，用生粉水勾芡，翻炒均勻，出
鍋盛入盤內即可。

冬菇中含有較豐富的硒，能降低血糖，改善
糖尿病症狀；芹菜富含膳食纖維，能阻礙消
化道對糖的吸收，有降血糖作用。芹菜中的
黃酮類物質，可改善微循環，促進糖在肌肉
和組織中的轉化。

紅腸燉竹笙

22 克碳水化合物　14.1 克蛋白質　9 克脂肪

256.3 千卡

火腿脂肪和鹽的含量較高，建議糖尿病患者少吃火腿。

材料 9

冬菇 50 克，竹笙 50 克，火腿片 20 克，筍片 50 克，生粉水、植物油、高湯、醬油、鹽各適量。

冬菇

低	低
熱量	升糖指數

竹笙

低	低
熱量	升糖指數

做法

❶ 竹笙泡發後洗淨，切成段待用；將鮮冬菇去雜質，洗淨切厚片。

❷ 炒鍋上火，加植物油，將竹笙、冬菇、筍片一起下鍋略炒片刻。

❸ 加醬油、鹽炒一會兒，再加高湯燒沸後，改為小火燜至竹笙熟而入味，勾芡，裝入盤內，放上火腿片即可。

冬菇中含有較豐富的硒，能降低血糖；竹笙可補氣益腎、降脂減肥，並可用作高血壓、血脂異常等病症的輔助食療方。冬菇與竹笙配搭，香氣濃郁，豐富的膳食纖維可幫助胃腸蠕動。

素燒茄子

151.4 千卡

13.4 克碳水化合物　3.2 克蛋白質　10.4 克脂肪

茄子非常吸油，可先將茄子加鹽控水再炒，炒時少放油。

材料 6

圓茄子200克，植物油、蔥、薑、鹽、高湯各適量。

做法

① 圓茄子去皮切成 2 厘米見方的塊，放鹽擠乾水分；蔥、薑洗淨切絲。

② 鍋內放植物油燒熱，放蔥絲、薑絲熗鍋。

③ 放入茄子、少許高湯，加鍋蓋稍燜。

④ 加入鹽翻炒，出鍋即可。

圓茄子

低 熱量　**低** 升糖指數

茄子富含維他命 P，維他命 P 能增強細胞間的黏着力，對微血管有保護作用，還能提高人體對疾病的抵抗力，保持細胞和毛細血管壁的正常滲透性，增加微血管韌性和彈性。

太極西蘭花

8.9 克碳水化合物　6.2 克蛋白質　10.8 克脂肪

150.5
千卡

椰菜花熱量很低，並能很快給予飽足感。

材料 5

西蘭花 100 克，椰菜花 100 克，植物油、生粉水、鹽各適量。

西蘭花

低
熱量

低
升糖指數

椰菜花

低
熱量

低
升糖指數

做法

1. 西蘭花、椰菜花洗淨，切成小朵，分別用沸水焯一下，待用。

2. 鍋內倒入植物油，放入西蘭花翻炒片刻，用鹽調味。

3. 再用生粉水勾芡，取出裝盤。

4. 用同樣的方法再將椰菜花炒熟，放入西蘭花上面即可。

椰菜花所含的維他命 K，可以保護血管壁，使血管壁不易破裂；西蘭花富含類黃酮，可預防心血管併發症。椰菜花和西蘭花都富含膳食纖維，可以延緩血糖升高。

涼拌萵筍

5.6 克碳水化合物　2 克蛋白質

74 千卡

所含熱量很低，可以喝杯牛奶，能預防糖類物質攝入過少而引發低血糖反應。

材料 7

萵筍 200 克，紅椒 10 克，鹽、辣椒油、蒜末、香油、醋各適量。

做法

❶ 萵筍洗淨切絲，加鹽略醃，出水後，把水擠淨，放入盤中。

❷ 在萵筍上加入香油、鹽。

❸ 按個人口味加入一點兒醋、辣椒油和蒜末。

❹ 加紅辣椒配色亦可。

萵筍

低 熱量　　**低** 升糖指數

萵筍含有較多的菸酸，菸酸是胰島素的激活劑，可改善糖的代謝功能。萵筍中的鉀離子具有預防糖尿病併發症的作用。

秋梨三絲

17.8 克碳水化合物　　6.2 克蛋白質　　20.6 克脂肪

秋天食用可
緩解秋燥。

材料 🍲5

海蜇頭 50 克，秋梨 100 克，芹菜 100 克，香油、
鹽各適量。

做法

1. 海蜇頭用水泡三四個小時後洗淨，切細絲。
2. 芹菜、秋梨洗淨均切細絲。
3. 將海蜇絲、芹菜絲、秋梨絲放入同一個碗中。
4. 加入鹽、香油拌勻即可。

海蜇頭

中
熱量

低
升糖指數

秋梨

中
熱量

低
升糖指數

芹菜

低
熱量

低
升糖指數

梨富含膳食纖維和維他命，消痰潤燥；芹菜
富含膳食纖維，能阻礙消化道對糖的吸收，
有降血糖作用。芹菜所含的黃酮類物質，可
促進糖在肌肉和組織中的轉化。

山藥枸杞煲苦瓜

194.7
千卡

18 克碳水化合物　13.1 克蛋白質　8.4 克脂肪

> 本品能防止餐後血糖升高，提高糖耐量。

材料 🍲

豬瘦肉 50 克，苦瓜 100 克，山藥 100 克，枸杞子、鹽、白胡椒、葱、薑、雞湯各適量，植物油 5 毫升。

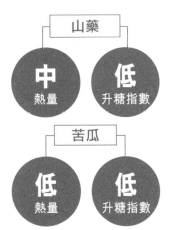

做法

❶ 山藥去皮，洗淨切片；苦瓜、豬瘦肉切片；葱、薑切末。

❷ 鍋中放植物油燒至溫熱，放入肉片、葱薑末一起煸炒。

❸ 待炒出香味後加入適量雞湯，放入山藥片、枸杞子以及各種調料，用大火煮。

❹ 水開後改用中火煮，10 分鐘後再放入苦瓜片翻炒即可。

苦瓜含一種類胰島素物質，能使血液中的葡萄糖轉換為熱量；山藥與苦瓜同食具降血糖的功效；枸杞子含枸杞多醣，能增強 2 型糖尿病患者對胰島素的敏感性，降低血糖水平。

蒜泥茄子

14.2 克碳水化合物　4.9 克蛋白質　8.1 克脂肪

139.9 千卡

涼拌茄子是糖尿病患者很好的選擇。

材料 🍲8

長茄子 200 克，蒜、紅椒、蔥、鹽、陳醋、醬油、芝麻醬各適量。

做法

1. 蒜、紅椒洗淨切碎；蔥切成蔥花。
2. 茄子蒸熟後切成條狀盛盤。
3. 芝麻醬加水調勻，放入蒜末、鹽、陳醋、醬油拌勻，倒在茄子上，用紅椒碎、蔥花點綴即可。

茄子

低 熱量　**低** 升糖指數

茄子脂肪和熱量極低，適於糖尿病患者食用。茄子富含維他命 P，維他命 P 能增強細胞間的黏著力，對微血管有保護作用；蒜中硒含量較多，對人體胰島素的合成可起到一定的作用。

冬菇青菜

153.6 千卡

12.7 克碳水化合物　　4.9 克蛋白質　　10.8 克脂肪

冬菇中的天門冬素和天門冬氨酸，具有降低血脂、保護血管的功能。

材料 6

冬菇 50 克，青菜 150 克，泡發木耳 50 克，植物油、薑、鹽各適量。

做法

❶ 冬菇、木耳洗淨，切片；薑切末。

❷ 青菜洗淨，從中間切開，根部和葉子分開放置。

❸ 油鍋燒熱，放薑末炒出香味，放木耳、冬菇翻炒片刻，再放入青菜根部翻炒。

❹ 放鹽調味，放青菜葉，稍微翻炒幾下即可。

冬菇

低 熱量　　低 升糖指數

青菜

低 熱量　　低 升糖指數

冬菇中含有較豐富的硒，能降低血糖，改善糖尿病症狀，還含有豐富的膳食纖維，經常食用能降低血液中的膽固醇；青菜不但是低碳水化合物蔬菜，還含有大量膳食纖維。

薑汁豆角

11.6 克碳水化合物　5.4 克蛋白質　5.4 克脂肪

薑可以改善糖尿病所伴隨的脂質代謝紊亂。

材料

長豆角200克，薑20克，香油、醋、鹽各適量。

做法

① 長豆角洗淨，去兩端，切成約 6 厘米長的段。

② 將豆角段放入沸水湯鍋燙至剛熟時撈起。

③ 薑去皮，剁成薑末，和醋調成薑汁。

④ 將豆角、薑汁、鹽倒入碗中，淋上香油，拌勻後裝盤即可。

豆角

低
熱量

低
升糖指數

薑辣素是薑中的主要活性成分，能降低血糖，減少糖尿病併發症。薑能激活肝細胞，緩解糖尿病性、酒精性脂肪肝。豆角中含有菸酸，是天然的血糖調節劑。

雙菇豆腐

301.3 千卡

14.7 克碳水化合物　29.4 克蛋白質　15 克脂肪

老豆腐所含熱量相對較低，糖尿病患者可適量食用。

材料

老豆腐 200 克，冬菇 50 克，草菇 50 克，冬筍 50 克，青椒 50 克，生粉水、蔥、薑、鹽、植物油各適量。

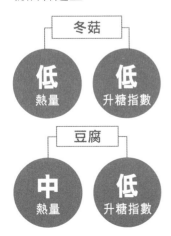

冬菇

低 熱量　**低** 升糖指數

豆腐

中 熱量　**低** 升糖指數

做法

❶ 冬菇、草菇、冬筍洗淨切片；青椒洗淨切絲；蔥、薑切絲。

❷ 老豆腐切丁；將鍋中入水加鹽燒沸，下入豆腐焯燙，撈出備用。

❸ 油鍋燒熱，下蔥、薑煸香，依次加入冬菇、冬筍、草菇翻炒。

❹ 放入老豆腐，加清水燒片刻；加鹽、青椒，淋生粉水勾芡。

草菇所含澱粉量少，能減慢人體對碳水化合物的吸收。豐富的硒能降低血糖，改善糖尿病症狀；冬菇還有降壓降脂的功效。雙菇豆腐清淡鹹香，營養豐富，是糖尿病患者的佳餚。

素燒冬瓜

5.2 克碳水化合物　　0.8 克蛋白質　　10.4 克脂肪

> 冬瓜熱量和升糖指數都很低，適合糖尿病患者食用。

材料 ⑦

冬瓜 200 克，清湯、植物油、蔥、生粉水、薑、鹽各適量。

做法

① 冬瓜去皮後洗淨切塊；薑切大片；蔥切段。

② 冬瓜塊用沸水焯一下，待將熟時撈出。

③ 鍋內放植物油燒熱，薑片、蔥段炒香，倒入清湯燒開，撈出蔥段、薑片，放入冬瓜燒製。

④ 鍋內餘汁用生粉水勾薄芡，加鹽炒勻即可。

冬瓜

低
熱量

低
升糖指數

冬瓜中的丙醇二酸能利尿去濕，抑制澱粉、糖類轉化為脂肪，防止體內脂肪的堆積。冬瓜潤腸通便，可輔助治療糖尿病併發便秘。其含有的丙醇二酸，對預防血脂黏稠及由此導致的血壓升高有利。

燒鮑魚菇

9.2 克碳水化合物　3.8 克蛋白質　10.6 克脂肪

136.6
千卡

> 鮑魚菇熱量比較低，適合糖尿病患者食用。

材料 5

鮑魚菇 200 克，蔥、薑、醬油各適量，植物油 10 毫升。

做法

❶ 鮑魚菇去雜質，洗淨切片；蔥切小段，薑塊拍鬆。

❷ 炒鍋放植物油燒熱，放入蔥段、薑塊炒香。

❸ 放入鮑魚菇，加醬油，燒沸後小火燜 10 分鐘，大火收汁。

❹ 鮑魚菇裝盤，澆上鍋中湯汁即可。

鮑魚菇

低 熱量

低 升糖指數

鮑魚菇中的硒，能降低血糖，改善糖尿病症狀。鮑魚菇中的天門冬素和天門冬氨酸，具有降低血脂、保護血管的功能。鮑魚菇還含有豐富的膳食纖維，常食用能降低血液中的膽固醇，防止血管硬化。

65

涼拌豆角

108.7 千卡

11.6 克碳水化合物　5.4 克蛋白質　5.4 克脂肪

豆角具有理中益氣、健胃補腎、止消渴的功效。

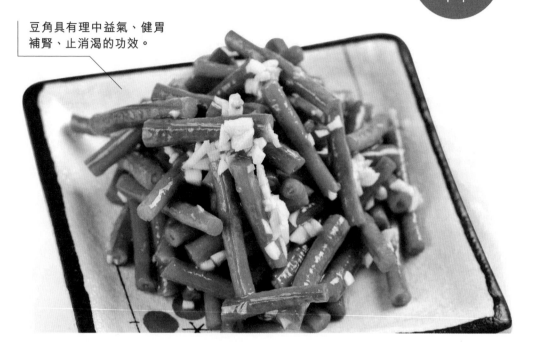

材料 5

長豆角 200 克，蒜末、醋、鹽各適量，香油 5 毫升。

做法

❶ 長豆角洗淨，去兩端，切成 6 厘米長的段。

❷ 將豆角段放入沸水湯鍋燙至剛熟時撈起，晾涼。

❸ 將豆角倒入盤中，加上蒜末。

❹ 加醋、鹽、香油適量，拌勻即可食用。

豆角

低 熱量　低 升糖指數

豆角中的菸酸是天然的血糖調節劑，其磷脂有促進胰島素分泌，參加糖代謝的作用。豆角中含有錳，錳是抗氧化劑的一種，能預防癌症和心臟病，還可預防更年期女性的骨質疏鬆症。

木耳白菜

9.4 克碳水化合物　　3.8 克蛋白質　　0.3 克脂肪

137.9
千卡

宜選用表面黑而光潤，無顆粒感的優質木耳。

材料 9

木耳 50 克，大白菜 200 克，植物油、生粉水、花椒粉、葱段、鹽、醬油、葱花各適量。

木耳
中 熱量　　低 升糖指數

大白菜
低 熱量　　低 升糖指數

做法

❶ 木耳洗淨；大白菜去菜葉，洗淨，將菜梗切成小斜片。

❷ 炒鍋放植物油，加花椒粉、葱段熗鍋。

❸ 下白菜煸炒至油潤透亮。

❹ 放入木耳，加醬油、鹽煸炒，快熟時，用生粉水勾芡出鍋，撒上葱花即可。

木耳中含有木耳多醣，它對胰島素降糖活性有明顯作用。大白菜中的維他命，能夠清除糖尿病患者糖代謝過程中產生的自由基，還能在人體內生成一種酶，可有效抑制癌細胞的生長和擴散。

清炒魔芋絲

6.7 克碳水化合物　　3.3 克蛋白質　　15 克脂肪

魔芋是一種低脂、低糖、低熱量、無膽固醇的優質膳食纖維食物。

材料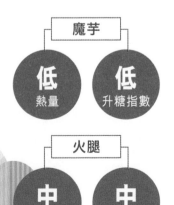

魔芋 200 克，火腿 10 克，植物油、生粉水、蔥、薑、鹽各適量。

做法

❶ 魔芋洗淨切絲；火腿切絲。

❷ 蔥、薑洗淨，分別切絲備用。

❸ 鍋內倒植物油燒熱，放入蔥薑絲、火腿炒香。

❹ 加入魔芋絲、鹽，炒入味，用生粉水勾芡。

```
┌──── 魔芋 ────┐
低          低
熱量      升糖指數

┌──── 火腿 ────┐
中          中
熱量      升糖指數
```

魔芋是高水分、高膳食纖維的食物，大量膳食纖維在進入胃時可吸收糖類，直接進入小腸，在小腸內抑制糖類的吸收，有效降低餐後血糖。其所含的葡甘露聚糖，能吸收膽固醇，有效降低血脂。

萵筍炒山藥

14.1 克碳水化合物　2.7 克蛋白質　10.3 克脂肪

154.7
千卡

加幾滴檸檬汁，
口味更清新。

材料 🍲6

山藥 50 克，萵筍 100 克，紅蘿蔔 50 克，鹽、胡椒粉、植物油各適量。

做法

❶ 山藥、萵筍、紅蘿蔔分別洗淨，去皮，切長條，用水焯一下。

❷ 鍋內入植物油燒熱，放入材料，加其他調料炒勻即可。

山藥	
中 熱量	**低** 升糖指數

紅蘿蔔	
中 熱量	**低** 升糖指數

萵筍	
低 熱量	**低** 升糖指數

山藥、萵筍都是含鉀豐富的食物。萵筍中無機鹽、維他命含量較豐富，尤其是含有較多的菸酸。菸酸是胰島素的激活劑，糖尿病患者經常吃些萵筍，可改善糖代謝功能。

蒜薑拌菠菜

9 克碳水化合物　5.2 克蛋白質　5.6 克脂肪

99.6
千卡

此菜熱量很低。糖尿病患者可吃幾粒花生米或喝一些牛奶，能預防低血糖反應。

材料 7

菠菜 200 克，薑、蒜、香油、白芝麻、鹽、醋各適量。

做法

❶ 蒜、薑切末。

❷ 菠菜洗淨，稍焯後切大段。

❸ 將蒜末、薑末、香油、白芝麻、鹽、醋淋在菠菜上即可。

菠菜

低
熱量

低
升糖指數

菠菜中含有較多的胡蘿蔔素等微量元素，能穩定血糖。菠菜含有大量的膳食纖維，利於排出腸道中的有毒物質，潤腸通便，對糖尿病併發便秘患者有益。

麻婆猴頭菇

9.8 克碳水化合物　4 克蛋白質　5.4 克脂肪

86.2
千卡

> 猴頭菇的熱量和升糖指數很低，適合糖尿病患者食用。

材料 🍲9

猴頭菇 200 克，植物油、醬油、生粉、蔥、薑、紅辣椒、花椒粉、鹽各適量。

做法

❶ 蔥、薑切絲；生粉加水調成生粉水；紅辣椒去子洗淨，切成末。

❷ 猴頭菇洗淨後切成小塊，加水和蔥絲、薑絲煮 5 分鐘，撈出控水。

❸ 油鍋下蔥絲、薑絲、紅辣椒熗鍋，放猴頭菇略炒，加水燒開，再加醬油、鹽，小火煮 5 分鐘。最後用生粉水勾芡，撒入花椒粉即可。

猴頭菇

低 熱量　**低** 升糖指數

猴頭菇所含的猴頭菇多醣具有明顯的降血糖功效。猴頭菇含有的不飽和脂肪酸，能降低血液中膽固醇含量，有利於高血壓、心血管疾病的治療。

豆腐乾拌大白菜

151.2 千卡

12.2 克碳水化合物　11.1 克蛋白質　7 克脂肪

豆腐乾的熱量不低，建議適量食用，並相應減少主食的量。

材料 4

豆腐乾 50 克，大白菜 200 克，鹽 2 克，香油 5 毫升。

做法

① 豆腐乾洗淨，用開水浸燙後撈出，切丁。

② 大白菜洗淨，放入沸水鍋中焯一下，在冷開水中浸涼，瀝淨水分，切成小片兒。

③ 將豆腐乾碎丁和大白菜小片兒裝入盤內。

④ 加入鹽，澆上香油，拌勻即可。

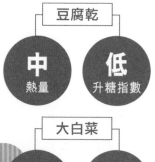

豆腐乾

中 熱量　**低** 升糖指數

大白菜

中 熱量　**低** 升糖指數

大白菜熱量低，所含膳食纖維有利於腸道蠕動和廢物的排出，可以延緩餐後血糖上升。大白菜配搭肉片或者豆腐等，可使營養素相互補充，提高菜餚的營養價值。

煎番茄

129 千卡

8 克碳水化合物　1.8 克蛋白質　10.4 克脂肪

番茄做熟吃最好，生吃易導致腹瀉。

材料 4

番茄 200 克，麵包粉、熟芹菜末各適量，植物油 10 毫升。

做法

① 將麵包粉放入平底鍋內，烤成焦黃色。

② 番茄用開水焯燙一下，剝去皮，切成薄片。

③ 油鍋燒熱，放入番茄煎至兩面焦黃，盛入小盤。

④ 撒上麵包粉、熟芹菜末即可。

番茄

低 熱量　**低** 升糖指數

番茄熱量低，含有胡蘿蔔素、B 族維他命和維他命 C，其茄紅素的含量居蔬菜之冠。還有抗血小板凝結的作用，可降低 2 型糖尿病患者由於血小板的過分黏稠而發生心血管併發症的風險。

燉五香黃豆

34.2 克碳水化合物　35 克蛋白質　21 克脂肪

434
千卡

需嚴格控制食用量，並減少相應的主食量。

材料 🍲6

黃豆 100 克，蔥、薑、花椒、桂皮、八角、鹽各適量，香油 5 毫升。

做法

❶ 將黃豆去雜，用溫水浸泡 4~5 小時，淘洗乾淨。

❷ 蔥、薑洗淨，切碎末。

❸ 砂鍋置大火上，放入水和黃豆燒沸，撒入八角、花椒、桂皮、蔥末和薑末。

❹ 用小火燉至熟爛，加入鹽燒至入味，淋上香油即可。

黃豆

中
熱量

低
升糖指數

黃豆是高營養食物，其含有豐富的營養元素，具有增強機體免疫功能、防止血管硬化、治缺鐵性貧血、降糖降脂的功效。黃豆中所含的不飽和脂肪酸還可以減少血液中的膽固醇。

蒜蓉炒生菜

4.2 克碳水化合物　　2.8 克蛋白質　　10.8 克蛋白質

119.9
千卡

生菜中的礦物質和膳食纖維，能防治由糖尿病引起的血管併發症。

材料 4

生菜 200 克，蒜、鹽各適量，植物油 10 毫升。

做法

1. 生菜流水沖洗，減少農藥殘留，揀好，洗淨乾瀝乾；蒜洗淨。

2. 蒜拍扁切碎。

3. 油鍋燒熱爆香蒜蓉，倒入生菜快炒。

4. 加鹽炒勻即可。

生菜

低 熱量　　**低** 升糖指數

生菜中富含鈣、鉀、鐵等礦物質和膳食纖維，可降血糖，減緩餐後血糖上升。同時，膳食纖維和維他命，能消除體內多餘脂肪，對糖尿病併發肥胖患者大有裨益。

金針菜炒青瓜

12.8 克碳水化合物　5.5 克蛋白質　10.7 克脂肪

162.3
千卡

青瓜是低熱量、低升糖指數的蔬菜，適合糖尿病患者經常食用。

材料

金針菜 20 克，青瓜 200 克，植物油、鹽各適量。

做法

① 青瓜洗淨，切片。

② 金針菜去硬梗，漂洗乾淨，焯水。

③ 鍋中倒入油燒熱，倒入金針菜、青瓜，快速翻炒至熟透時，加鹽調味即可。

金針菜

中
熱量

低
升糖指數

青瓜

低
熱量

低
升糖指數

青瓜熱量低、含水量高，非常適合糖尿病患者食用。青瓜中所含的葡萄糖苷、果糖等不參與通常的糖代謝，故對血糖影響較小。

綠色沙律

22.1 克碳水化合物　3.1 克蛋白質　0.7 克脂肪

98 千卡

可選用紫葉生菜，具有延緩衰老的功效。

材料 🍵8

蘆筍 100 克，奇異果半個，生菜 50 克，蘋果 1/4 個，酸青瓜、木耳各 5 克，檸檬汁、蜂蜜各適量。

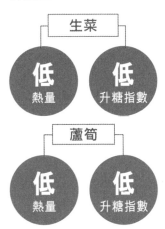

生菜

低 熱量　**低** 升糖指數

蘆筍

低 熱量　**低** 升糖指數

做法

❶ 蘆筍切段，下沸水鍋焯熟，乾瀝乾；木耳焯熟。

❷ 生菜洗淨，用手撕成小片；蘋果去皮切片；酸青瓜切小丁。

❸ 奇異果去皮對切，一半放入榨汁機中；另一半切成小塊。

❹ 將奇異果汁、酸青瓜丁、檸檬汁和蜂蜜放入小碗。

❺ 將蘆筍、生菜、蘋果、木耳放入碗中，撒上奇異果果肉即可。

蘆筍含的香豆素有降低血糖的作用。蘆筍中的鉻含量高，這種微量元素可調節血液中脂肪與糖分的濃度。另外，奇異果中富含維他命 C，有助於糖尿病患者增強抗感染的能力。

西芹百合

25.3 克碳水化合物　　2.8 克蛋白質　　10.2 克脂肪

宜用鮮百合，具有養心安神、潤肺止咳的功效。

材料 🍲 5

西芹 150 克，鮮百合 50 克，生粉水、鹽各適量，植物油 10 毫升。

做法

❶ 西芹擇去筋，洗淨，切成較薄的段；鮮百合去蒂後洗淨，掰成片。

❷ 鍋內放植物油，燒熱，下西芹炒至五成熟。

❸ 加鮮百合、鹽炒熟，用生粉水勾薄芡即可。

西芹

低 熱量　　**低** 升糖指數

芹菜富含膳食纖維，能延緩消化道對糖的吸收，有降血糖的作用。芹菜中的黃酮類物質，可改善微循環，適宜糖尿病患者經常食用。

蜇皮金針菇

15.8 克碳水化合物　　8.5 克蛋白質　　6.1 克脂肪

140.7
千卡

糖尿病患者可以用
金針菇煮湯。

材料 🍲9

海蜇皮 100 克，金針菇
200 克，紅蘿蔔、小青
瓜、紅椒、蒜、鹽、醋、
香油各適量。

做法

❶ 紅椒、紅蘿蔔、小青瓜洗淨切絲；蒜切末。

❷ 金針菇焯燙至熟；海蜇皮切絲。

❸ 所有材料一起放入大碗中，調入鹽、醋和香
油拌勻即可。

```
海蜇皮
```

低 熱量　　**低** 升糖指數

```
青瓜
```

低 熱量　　**低** 升糖指數

金針菇中含有較多的鋅，鋅參與胰島素的合
成與分泌，能調節血糖。金針菇富含 B 族維
他命、維他命 C、碳水化合物、礦物質、氨
基酸、植物血凝素、多醣等營養元素，適合
糖尿病患者食用。

白蘿蔔燉豆腐

12 克碳水化合物　14 克蛋白質　10 克脂肪

白蘿蔔頂部維他命含量豐富，多食可降血糖，不宜丟棄。

材料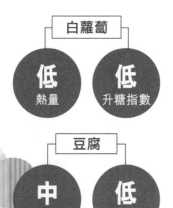

白蘿蔔 200 克，豆腐 100 克，植物油 5 毫升，鹽適量。

做法

① 白蘿蔔洗淨切絲；豆腐洗淨，切小塊。

② 白蘿蔔入油鍋略炒。

③ 加清水煮至白蘿蔔絲酥軟，放入豆腐塊，煮熟後，加鹽調味即可。

白蘿蔔

低 熱量　**低** 升糖指數

豆腐

中 熱量　**低** 升糖指數

多食白蘿蔔，可增加糖尿病患者飽腹感，從而控制食物過多攝入，保持合理體重；豆腐蛋白質含量豐富，可補充營養素。本品適宜糖尿病患者經常食用。

冬菇燒冬瓜

81.9
千卡

7.8 克碳水化合物　1.9 克蛋白質　5.5 克脂肪

此菜不宜多放油，白糖
可用冰糖代替。

材料 9

冬菇 50 克，冬瓜 200
克，生粉水、薑片、葱
段、醬油、鹽、白糖各
適量，橄欖油 5 毫升。

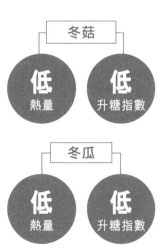

冬菇
低 熱量　低 升糖指數

冬瓜
低 熱量　低 升糖指數

做法

1. 冬瓜去皮洗淨，切成片；冬菇去蒂，洗淨，
   切片，用開水焯熟。
2. 熱鍋內加橄欖油，燒熱後放入薑片、葱段，
   放入冬瓜，煽炒片刻，加適量水、醬油。
3. 放入冬菇，略炒，然後加鹽、白糖，用生粉
   水勾芡即可。

冬菇富含蛋白質、多種維他命和礦物質，且
脂肪含量低，可補充營養素。冬瓜中所含的
丙醇二酸，能有效地抑制糖類轉化為脂肪。
冬瓜本身不含脂肪，熱量不高，適宜糖尿病
患者食用。

粟米沙律

201.5
千卡

23.5 克碳水化合物　4.1 克蛋白質　11 克脂肪

要選顆粒飽滿的粟米。

材料 🍲 7

粟米粒 100 克，青椒、紅椒、洋葱、白醋、鹽各適量，自製蛋黃沙律醬 15 克。

做法

1. 將粟米粒洗淨，放入漏勺，乾瀝乾多餘水分。
2. 青椒、紅椒、洋葱分別洗淨，切成粟米粒大小的丁。
3. 將食材放入碗中，倒入蛋黃沙律醬汁，攪拌均勻。
4. 加鹽和白醋調味，攪拌均勻即可。

粟米

中 熱量　**低** 升糖指數

粟米一直都被譽為長壽食品，含有豐富的蛋白質、維他命、微量元素、膳食纖維等。粟米中的亞油酸能預防膽固醇向血管壁沉澱，對預防高血壓、冠心病有積極作用。

蓮藕青瓜沙律

153.2
千卡

20.9 克碳水化合物　3.7 克蛋白質　6.6 克脂肪

蓮藕切好後放入水中，滴入幾滴白醋，浸泡幾分鐘後再下鍋煮，這樣不易變黑。

材料 🍵 7

蓮藕 100 克，青瓜 100 克，車厘茄 30 克、第戎芥末醬 10 克，橄欖油 5 毫升，白酒醋、洋蔥末各適量。

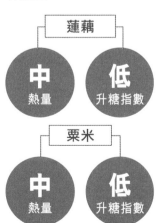

蓮藕

中 熱量　**低** 升糖指數

粟米

中 熱量　**低** 升糖指數

做法

① 蓮藕、青瓜、車厘茄分別洗淨；蓮藕、青瓜分別切丁；車厘茄對切，備用。

② 將蓮藕放入沸水中煮熟，撈出，乾瀝乾。

③ 取一小碗，放入第戎芥末醬、橄欖油、白酒醋和洋蔥木，攪拌均勻，做成沙律醬汁。

蓮藕中含有黏液蛋白和膳食纖維，能有效幫助人體排出毒素，從而減少脂類的吸收。蓮藕可散發出一種獨特清香，還含有鞣質，能增進食慾，促進消化，健脾益胃，有益於胃納不佳、食慾不振者恢復健康。

海帶沙律

12.3 克碳水化合物　4.2 克蛋白質　4.2 克脂肪

99.9 千卡

白芝麻要用小火焙香，再用擀麵杖碾碎。

材料 7

海帶絲 200 克，白芝麻 10 克，洋蔥、檸檬、蘋果汁、檸檬汁、紅椒絲各適量。

做法

① 海帶絲洗淨，用水浸泡 10 分鐘，取出乾瀝乾水分。

② 洋蔥、檸檬分別洗淨，切成絲。

③ 蘋果汁、檸檬汁調成沙律醬汁。

④ 將海帶絲與洋蔥絲、檸檬絲放入盤中，倒入沙律醬汁，充分攪拌均勻，撒上白芝麻，點綴紅椒絲即可。

海帶

低 熱量　　**低** 升糖指數

海帶營養價值豐富，熱量低，蛋白質含量中等，碘元素含量高，有降壓減脂的功效。用蘋果汁和檸檬汁取代沙律醬，熱量會大大降低。做沙律宜選用細海帶絲，口感好，也方便操作。

酸辣青瓜沙律

9.5 克碳水化合物　　1.9 克蛋白質　　5.4 克脂肪

90.3
千卡

嗜辣的人可以將紅辣椒換成朝天椒，不大能吃辣的人可以換成彩椒。

材料 🍲 10

青瓜 150 克，紅蘿蔔 50 克，紅辣椒、洋葱、橄欖油、紅酒醋、鹽、黑胡椒、蒜末、薑末各適量。

做法

❶ 青瓜、紅蘿蔔、紅辣椒、洋葱分別洗淨；青瓜和紅蘿蔔分別切片，紅辣椒和洋葱分別切絲。

❷ 取一小碗，放入橄欖油、紅酒醋、鹽、黑胡椒、蒜末、薑末，攪拌均勻，製成沙律醬汁。

❸ 將食材放入碗中，倒入沙律醬汁，攪拌均勻，放入冰箱中，醃製 30 分鐘即可。

紅蘿蔔

中
熱量

低
升糖指數

青瓜

低
熱量

低
升糖指數

酸辣青瓜沙律適合夏季沒甚麼食慾時食用，酸辣爽口，冰鎮 30 分鐘，既能享受到冰涼的口感，又能讓食材更入味。青瓜熱量低，含水量高，非常適合糖尿病患者食用。

蘆筍沙律

19.3 克碳水化合物　5.9 克蛋白質　4.4 克脂肪

128.6
千卡

沙律醬的用量要嚴格控制，以免攝入過多熱量。

彩椒

低
熱量

低
升糖指數

蘆筍

低
熱量

低
升糖指數

青椒

低
熱量

低
升糖指數

材料 5

蘆筍 150 克，青椒 50 克，彩椒 50 克，番茄沙律醬 20 克，白芝麻 10 克。

做法

❶ 蘆筍去掉底部老皮，洗淨，斜刀切段，入沸水焯熟，乾瀝乾。

❷ 青椒、彩椒分別洗淨，乾瀝乾，切成片。將食材裝盤，倒入番茄沙律醬，撒上白芝麻，攪拌均勻即可。

蘆筍中的香豆素有降低血糖的作用。其鉻含量高，這種微量元素可以調節血液中的脂肪和糖分的濃度。

蘑菇車厘茄沙律

204.3 千卡

16.5 克碳水化合物　　13.1 克蛋白質　　11.2 克脂肪

車厘茄熱量低，糖尿病患者可適量食用。

材料 7

蘑菇 30 克，車厘茄 150 克，香芹 50 克，芥末沙律醬、蒜末、芫茜、黑胡椒碎、鹽各適量，橄欖油 10 毫升。

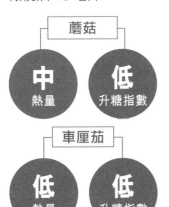

蘑菇

中 熱量　　低 升糖指數

車厘茄

低 熱量　　低 升糖指數

做法

❶ 蘑菇洗淨，切片，加鹽、黑胡椒碎，放入鍋中煎到表面呈金黃色。

❷ 車厘茄洗淨，對切，加鹽、黑胡椒碎和蒜末一起下鍋煎。

❸ 香芹、芫茜分別洗淨，切成 2 厘米左右的小段。

❹ 將食材裝盤，倒入芥末沙律醬，攪拌均勻即可。

蘑菇所含的大量植物纖維，具有防止便秘，促進排毒，降低膽固醇含量的作用，可有效預防糖尿病及大腸癌。

海帶青瓜沙律

6.1 克碳水化合物　5.3 克蛋白質　5.6 克脂肪

海帶能促進膽固醇
的排泄，有效降低
體內膽固醇含量。

材料 9

海帶 15 克，青瓜 150 克，
車厘茄 50 克，橄欖油 5 毫
升，黑醋、洋葱末、蒜末、
鹽、檸檬汁各適量。

做法

❶ 海帶洗淨，乾瀝乾，切絲。

❷ 青瓜切成蓑衣狀，用鹽、黑醋醃製片刻；
車厘茄洗淨對切。

❸ 取一小碗，放入橄欖油、黑醋、洋葱末、
蒜末、鹽和檸檬汁，攪拌均勻，製成沙律
醬汁。淋在食材上即可。

海帶

低
熱量

低
升糖指數

海帶熱量低，是一種營養價值很高的蔬
菜，同時具有一定的藥用價值，含有豐
富的碘等礦物質元素；青瓜熱量低，含
水量高，對血糖影響較小。

秋葵沙律

198.7
千卡

25.2 克碳水化合物　4.2 克蛋白質　10.3 克脂肪

> 秋葵是糖尿病患者
> 不錯的選擇之一。

材料 4

秋葵 200 克，鹽、植物油、芝麻醬各適量。

做法

❶ 清洗秋葵，先用鹽搓，去除表面的茸毛，再用小刀將蒂部去除。

❷ 鍋中水燒開，加 1 小匙鹽和幾滴植物油，放入秋葵，焯 2 分鐘後撈出，浸入冰水中降溫，撈出，乾瀝乾。

❸ 將秋葵裝盤，淋上芝麻醬即可。

秋葵含糖量較低，能夠促進腸道有益菌群增加，調節胃腸功能。且富含水溶性膳食纖維，可減緩碳水化合物在腸道的吸收，促進腸蠕動，預防便秘，對降低血液中膽固醇也有所幫助。

紫椰菜沙律

11.9 克碳水化合物　3.2 克蛋白質　5.5 克脂肪

103.9
千卡

> 紫椰菜清香脆爽，適合生吃，適合糖尿病患者食用。

材料 🍲 8

紫椰菜 150 克，彩椒 50 克，粟米粒 10 克，橄欖油 5 毫升，白酒醋、檸檬汁、洋葱碎、鹽各適量。

做法

1. 紫椰菜洗淨，乾瀝乾，切成細絲。
2. 彩椒洗淨，切成小丁。
3. 取一小碗，放入橄欖油、白酒醋、洋葱碎、鹽和檸檬汁，攪拌均勻，製成沙律醬汁。
4. 將食材裝盤，淋上沙律醬汁，攪拌均勻即可。

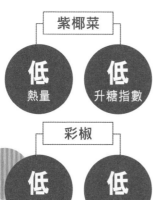

紫椰菜

低
熱量

低
升糖指數

彩椒

低
熱量

低
升糖指數

> 紫椰菜中的花青素可以幫助抑制血糖上升，預防糖尿病。其所含的維他命 C 可預防糖尿病性血管病變，並能預防糖尿病患者發生感染性疾病。

茄子沙律

193.5 千卡

14.1 克碳水化合物　3.1 克蛋白質　15.1 克脂肪

烤茄子的做法可以避免茄子吸油的缺點，做到真正的低熱量。

材料 9

長茄子 200 克，車厘茄 50 克，蛋黃沙律醬 15 克，生菜 50 克，橄欖油、黑胡椒碎、蒜末、孜然粉、鹽各適量。

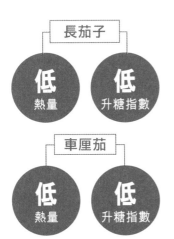

做法

❶ 長茄子洗淨，切成小塊後放入碗中；將黑胡椒碎、蒜末、孜然粉撒到茄子上，再加橄欖油攪拌均勻。

❷ 烤箱預熱到 170℃，將茄丁擺在烤盤上，放入烤箱中烤 10~15 分鐘。

❸ 車厘茄、生菜洗淨，車厘茄對切，生菜用手撕成小片。

❹ 將食材裝盤，倒入蛋黃沙律醬、鹽，攪拌均勻即可。

經常吃些茄子，有助於防治高血壓、冠心病、動脈硬化和出血性紫瘢，還可預防高血壓引起的腦溢血和糖尿病引起的視網膜出血。

桔梗冬瓜湯

69 千卡

5.2 克碳水化合物　0.8 克蛋白質　5.4 克脂肪

桔梗冬瓜湯的升糖指數很低，建議配搭吃一些水果。

材料 4

桔梗 5 克，冬瓜 200 克，鹽適量，香油 5 毫升。

做法

① 桔梗洗淨備用。

② 冬瓜去瓤，去子，洗淨切塊。

③ 砂鍋中倒入適量清水置於火上，放入桔梗和冬瓜。

④ 煮至冬瓜塊熟透，加鹽調味，淋上香油即可。

桔梗

低 熱量　低 升糖指數

冬瓜

低 熱量　低 升糖指數

桔梗中的桔梗皂苷具有降血糖功效，對糖尿病併發的咽乾口渴、煩熱等症狀有很好的療效。桔梗中的三萜皂苷，能降低血糖，保護肝臟，改善肝功能。冬瓜能防止體內脂肪的堆積。

雙色花菜湯

8.9 克碳水化合物　14.9 克蛋白質　6.3 克脂肪

146.6
千卡

適合糖尿病患者
經常食用，注意
少油少鹽。

材料

椰菜花 100 克，西蘭花 100
克，蝦米 20 克，鹽、高湯
各適量，香油 5 毫升。

做法

① 椰菜花與西蘭花分別洗淨，切塊；蝦米
泡開。

② 高湯入鍋中煮沸，放入蝦米。

③ 將椰菜花、西蘭花放入高湯中同煮。

④ 煮熟後加鹽、香油調味即可。

椰菜花

低
熱量

低
升糖指數

西蘭花

低
熱量

低
升糖指數

椰菜花所含的維他命 K，可以保護血管
壁，使血管壁不易破裂。椰菜花是淺色
蔬菜中維他命 C 含量較高的蔬菜。西蘭
花富含類黃酮，可抵抗自由基，預防心
血管併發症。椰菜花和西蘭花都富含膳
食纖維，可以延緩血糖升高。

無花果枸杞茶

7.2 克碳水化合物　1.1 克蛋白質　0.1 克脂肪

32.4 千卡

無花果汁飲料具有獨特的清香味，生津止渴，老幼皆宜。

材料 ②

無花果（乾）5 克，
枸杞子 5 克。

做法

① 無花果乾洗淨切小塊；枸杞子洗淨。
② 開水沖泡。

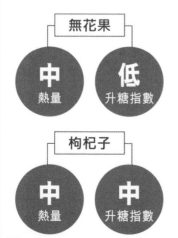

無花果
- **中** 熱量
- **低** 升糖指數

枸杞子
- **中** 熱量
- **中** 升糖指數

無花果能幫助消化，促進食慾。鮮無花果有助於緩解糖尿病患者併發性便秘；枸杞子中的枸杞多醣，能增強 2 型糖尿病患者胰島素的敏感性，能防止餐後血糖升高，提高糖耐量。

山楂荷葉茶

15.2
千卡

3.8 克碳水化合物　0.1 克蛋白質　0.1 克脂肪

> 山楂具有降血脂、血壓等作用。

材料 🍲2

山楂片 15 克，荷葉 12 克。

做法

① 將山楂片、荷葉加適量水。

② 煎煮後，即可代茶飲。

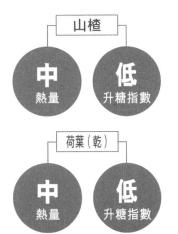

山楂

中
熱量

低
升糖指數

荷葉（乾）

中
熱量

低
升糖指數

> 荷葉解暑醒神，山楂去脂降壓，對頭昏腦脹、嗜睡的患者有提神、醒腦的作用，尤其適合於糖尿病伴有血脂異常、高血壓的患者飲用。不宜空腹食用。

95

山楂金銀花茶

7.8 克碳水化合物　0.4 克蛋白質　0.2 克脂肪

25.1
千卡

血糖較高者不建議食用山楂果醬和用山楂製成的冰糖葫蘆。

材料 ②

乾山楂 10 克，金銀花 10 克。

做法

① 將乾山楂洗淨，切片，放入杯中。
② 將金銀花洗淨後乾瀝乾水分，放入杯中。
③ 往杯中沖入開水。
④ 蓋上杯蓋悶 1 分鐘，揭蓋，涼至溫熱時飲用。

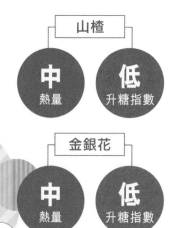

山楂

中
熱量

低
升糖指數

金銀花

中
熱量

低
升糖指數

金銀花含有綠原酸，能修復損傷的胰島 β 細胞，增強受體對胰島素的敏感性；山楂能活血通脈，降低血脂，抗動脈硬化，改善心臟活力，興奮中樞神經系統，還能有效預防糖尿病血管併發症。

苦瓜檸檬茶

1 克碳水化合物　0.2 克蛋白質　0.5 克脂肪

4.3
千卡

血糖過高的糖尿病患
者可以嘗試在飯前喝
一杯苦瓜茶。

材料 3

苦瓜 200 克，綠茶 50 克，
檸檬汁適量。

做法

❶ 將苦瓜上端切開，去瓤，裝入綠茶，掛於通
風處陰乾。

❷ 將陰乾的苦瓜取下洗淨，連同茶切碎，混
勻。

❸ 取 10 克放入杯中。

❹ 以沸水沖沏飲用，滴入檸檬汁即可。

苦瓜

低
熱量

低
升糖指數

綠茶

中
熱量

低
升糖指數

苦瓜中的類胰島素能使葡萄糖轉換為熱
量，降低血糖；綠茶中的兒茶素可防止血
管的氧化，有效預防糖尿病合併動脈硬化，
還能減緩腸內糖類的吸收，抑制餐後血糖
值的快速上升。

柳橙菠蘿汁

19.9 克碳水化合物　1.8 克蛋白質　0.5 克脂肪

87.3
千卡

西芹具有平肝清熱，
祛風利濕的功效。

材料

柳橙 100 克，菠蘿 50 克，
番茄 50 克，西芹 20 克，
檸檬 10 克。

做法

❶ 番茄洗淨；柳橙、檸檬去皮，與菠蘿、番茄均切成小塊。

❷ 西芹洗淨，切成小段。

❸ 將番茄、柳橙、菠蘿、西芹、檸檬放進料理機。

❹ 榨取汁液即可。

柳橙

中
熱量

低
升糖指數

菠蘿

中
熱量

低
升糖指數

糖尿病患者常食番茄有助於預防糖尿病及增強抵抗力；西芹則能阻礙消化道對糖的吸收，有降血糖作用。

無花果豆漿

22.8 克碳水化合物　8.5 克蛋白質　3.3 克脂肪

143
千卡

> 飲用過多容易出現血糖升高的情況，可適當減少主食的量。

材料 ②

鮮無花果 100 克，黃豆 20 克。

做法

❶ 將黃豆用水浸泡。

❷ 將無花果切成月牙形。

❸ 將無花果、黃豆一同放入豆漿機中，啟動豆漿機，待豆漿製作完成即可。

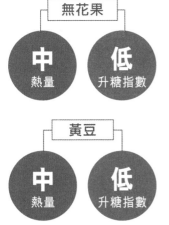

無花果

中 熱量 低 升糖指數

黃豆

中 熱量 低 升糖指數

無花果雖然很甜，但是它屬高纖維果品，含有豐富的酸類及酶類，對糖尿病患者有益。無花果能幫助消化，促進食慾，還有助於緩解糖尿病患者併發性便秘。

番茄柚子汁

3.9 克碳水化合物　　0.61 克蛋白質　　0.1 克脂肪

18.6
千卡

番茄也可以不用去皮，熱量較低，作為飲料尤佳。

材料 🍲2

番茄 50 克，柚子 20 克。

做法

❶ 番茄、柚子去皮，洗淨切丁。

❷ 放入料理機中，加適量水。

❸ 開啟料理機榨汁即可。

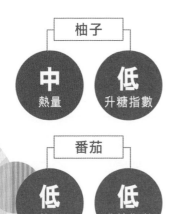

柚子

中
熱量

低
升糖指數

番茄

低
熱量

低
升糖指數

柚子的升糖指數低，能控制血糖升高。鮮柚肉中含有鉻，有助於調節血糖水平。番茄不僅熱量低，其番茄紅素的含量還居蔬菜之冠，適合糖尿病患者每日進補。

梨子汁

8.7 克碳水化合物　0.7 克蛋白質　0.2 克脂肪

37.5
千卡

梨子能促進胃腸蠕動，適合糖尿病患者食用。

材料 🍵①

梨子 100 克。

做法

❶ 將梨子去皮，去核。

❷ 放入料理機中打成梨子汁即可。

梨子

低
熱量

低
升糖指數

梨子升糖指數低，能很好地控制血糖升高。梨子中還含有茄紅素，它能明顯減輕由體內過氧化物引起的對淋巴細胞 DNA 的氧化損害，並可減緩動脈粥樣硬化的形成。

奇異果蘋果汁

14 克碳水化合物　0.5 克蛋白質　0.4 克脂肪

57.8
千卡

宜在飯前飲用，增加飽腹感，減少主食的食用量。

材料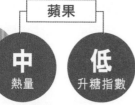

奇異果 50 克，蘋果 50 克，
薄荷葉適量。

做法

❶ 奇異果削皮，切成 4 塊。

❷ 蘋果削皮，去核切塊。

❸ 薄荷葉放入料理機中打碎。

❹ 再加入奇異果、蘋果一起打碎取汁，攪拌
均勻即可飲用。

奇異果

低
熱量

低
升糖指數

蘋果

中
熱量

低
升糖指數

奇異果中的肌醇是天然糖醇類物質，對
調節糖代謝很有好處。奇異果含有維他
命 C 等多種維他命，營養全面，屬膳食
纖維豐富的低脂肪食品，是糖尿病患者
較為理想的水果。

山楂青瓜汁

14 克碳水化合物　0.65 克蛋白質　0.4 克脂肪

58.6
千卡

山楂不宜空腹食用。

材料 2

山楂 50 克，青瓜 50 克。

做法

❶ 將新鮮山楂去核，洗淨，切成丁。

❷ 將青瓜洗淨，切丁。

❸ 將山楂丁和青瓜丁混合，加適量的水一併倒入料理機中。

❹ 開啟料理機，待山楂丁和青瓜丁全部打碎成泥後倒入杯中即可。

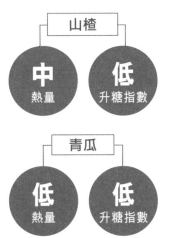

山楂

中　**低**
熱量　升糖指數

青瓜

低　**低**
熱量　升糖指數

山楂能抗動脈硬化，增加心臟活力，興奮中樞神經系統；青瓜熱量低、含水量高，其葡萄糖苷、果糖等不參與通常的糖代謝，對血糖影響較小。山楂與青瓜配搭，可除熱、利水，有減肥功效。

蘋果奇異果沙律

209.2 千卡

50.1 克碳水化合物　1.8 克蛋白質　1.6 克脂肪

用奇異果製成沙律醬汁，可以增加這道水果沙律的口感。

材料

蘋果 100 克，奇異果 200 克，洋葱丁 10 克，白醋、鹽、檸檬汁各適量。

山楂

中 熱量　　**低** 升糖指數

奇異果

低 熱量　　**低** 升糖指數

做法

❶ 將蘋果、部分奇異果洗淨，去皮切塊；將水果裝盤，備用。

❷ 將做醬料用的奇異果取果肉、切小丁，然後與洋葱丁一起放入攪拌機中，擠入檸檬汁，攪打成汁。

❸ 將奇異果洋葱汁倒入小碗中，加入白醋和鹽，攪拌均勻，製成奇異果沙律醬。

❹ 將奇異果沙律醬倒入水果中，攪拌均勻即可。

奇異果的升糖指數低，具有控制血糖升高、潤肺生津、滋陰養胃的功效。

奇異果酸奶

16.6 克碳水化合物　2.9 克蛋白質　3 克脂肪

102.7
千卡

可以作為糖尿病患者睡前的加餐。

材料 2

奇異果 50 克，酸奶 100 毫升。

做法

❶ 奇異果去皮，切成丁。

❷ 將奇異果丁放入料理機裏，加入適當的水。

❸ 開啟料理機，將奇異果打成汁。

❹ 將奇異果汁和酸奶按 1:1 的比例兌好，攪拌均勻。

奇異果

低 熱量　**低** 升糖指數

酸奶

中 熱量　**低** 升糖指數

奇異果屬膳食纖維豐富的低脂肪水果，其肌醇是天然糖醇類物質，對調節糖代謝很有好處；酸奶富含益生菌，與奇異果同食，可促進腸道健康，幫助腸內益生菌的生長，防治便秘。

番石榴汁

14.2 克碳水化合物　1.1 克蛋白質　0.4 克脂肪

53.1
千卡

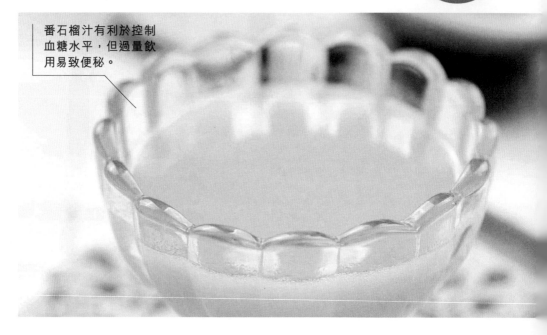

番石榴汁有利於控制血糖水平，但過量飲用易致便秘。

材料

番石榴 100 克。

做法

1. 沿着番石榴本身的內網紋路切開，將果實剝出，切成塊。
2. 將果實放入榨汁機內，加入適量的涼開水。
3. 開啟榨汁機，將番石榴果實榨汁。
4. 用細小過濾網過濾番石榴汁兩三次即可飲用。

番石榴

中
熱量

低
升糖指數

番石榴含有豐富的鉻，是人體必需的微量元素，能改善患者葡萄糖耐量，增強胰島素的敏感性。番石榴汁是糖尿病患者的保健食療佳品，對輕度糖尿病患者有很好的控制血糖作用。

牛奶火龍果飲

113 千卡

17.3 克碳水化合物　3.6 克蛋白質　3.4 克脂肪

> 買火龍果時選擇越重的越好，最好現買現吃。

材料 ②

火龍果 100 克，純牛奶 100 毫升。

做法

❶ 將火龍果外皮的鱗片去除，頭尾去掉，果皮連同果肉一起切塊。

❷ 將帶皮的果塊放入料理機內，加入適量的涼開水。

❸ 開啟料理機，將火龍果打成汁。

❹ 將火龍果汁與純牛奶混合攪拌即可。

火龍果

中 熱量　**低** 升糖指數

純牛奶

中 熱量　**低** 升糖指數

火龍果皮中的蛋白質、膳食纖維、B 族維他命等，對預防糖尿病性周圍神經病變有幫助。火龍果皮含花青素，可抗氧化、抗自由基、抗衰老，常食可以減肥、美白，加入牛奶還可以補充鈣質。

無花果梨子汁

24.7 克碳水化合物　2.2 克蛋白質　0.3 克脂肪

102.5
千卡

梨子中抗氧化劑含量較高，堪稱是抗衰老、防疾病的「超級水果」。

材料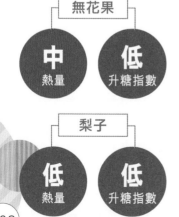

無花果 100 克，
梨子 100 克。

做法

❶ 無花果剝皮，切塊；梨子剔下果肉，去核。

❷ 二者放入榨汁機加適量水榨汁即可。

無花果

中
熱量

低
升糖指數

梨子

低
熱量

低
升糖指數

梨子有調節腸胃的作用，可促進腸蠕動，幫助排便；無花果能幫助消化，促進食慾。二者榨汁飲用，有助於緩解糖尿病患者便秘的症狀。

檸檬水

1.2 克碳水化合物　0.2 克蛋白質　0.2 克脂肪

7.5
千卡

對預防糖尿病有
很好的效果。

材料

檸檬 30 克。

做法

❶ 檸檬洗淨，切片，放置杯中，倒入溫開水。

❷ 待水冷卻後即可飲用。

檸檬

低
熱量

低
升糖指數

檸檬健脾胃，殺菌止痛，含糖量很低，而且
它所含的大量維他命 C 對糖尿病患者預防感
染性疾病很有幫助。檸檬有清香味道，還可
用於去除水產品、海產品、肉類的腥羶味。

蘋果紅蘿蔔汁

77.1
千卡

18.6 克碳水化合物　0.9 克蛋白質　0.3 克脂肪

蘋果皮有益健康，
需洗淨再食用。

材料 2

蘋果 100 克，
紅蘿蔔 50 克。

做法

① 將蘋果洗淨後切小塊；紅蘿蔔洗淨，切丁。
② 二者同放榨汁機中，加適量水，榨汁即可。

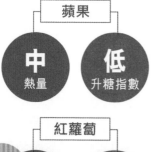

蘋果

中
熱量

低
升糖指數

紅蘿蔔

中
熱量

低
升糖指數

蘋果富含膳食纖維，能加速腸胃蠕動；紅蘿蔔不僅可治療糖尿病，還能預防糖尿病併發症。二者榨汁飲用，有助於穩定血糖。但應注意控制用量。

草莓柚汁

69.2
千卡

15.4 克碳水化合物　1.9 克蛋白質　0.3 克脂肪

> 新鮮的柚子肉中含有作用類似于胰島素的成分——鉻，能降低血糖。

材料

柚子肉 50 克，
草莓 150 克。

做法

❶ 把草莓洗乾淨去蒂，和柚子肉一同放入榨汁機中。

❷ 加適量水，打成汁即可。

柚子

中
熱量

低
升糖指數

草莓

低
熱量

低
升糖指數

> 草莓具有減輕胰腺負擔、降低血糖的作用。食用草莓前最好用鹽水浸泡 5 分鐘，可殺滅表面殘留的有害微生物。柚子可改善骨質疏鬆。本飲品非常適合糖尿病患者食用。

奇異果檸檬汁

26.8 克碳水化合物　1.8 克蛋白質　1 克脂肪

117.2
千卡

是老年人、兒童、體弱多病者的滋補果品。

材料 😋

奇異果 100 克，檸檬 20 克，橙 100 克。

做法

❶ 奇異果洗淨，去皮，切成小塊；橙洗淨後挖出果肉；檸檬洗淨後連皮切小片。

❷ 把奇異果塊、檸檬片、橙肉一起放入榨汁機加涼開水，榨汁即可。

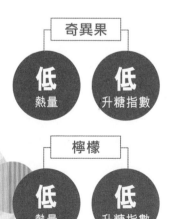

奇異果

低 熱量　　**低** 升糖指數

檸檬

低 熱量　　**低** 升糖指數

奇異果富含維他命 C，可促進人體對葡萄糖的利用，降低血糖；檸檬可增強機體抵抗力；橙可改善糖尿病患者的口渴症狀。三者榨汁，非常適宜糖尿病患者飲用。

木瓜橙汁

77.2 千卡

18.1 克碳水化合物　　1.2 克蛋白質　　0.3 克脂肪

常吃橙，可以降低口腔疾病和胃病的發生率。

材料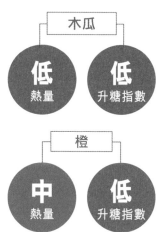

木瓜 100 克，
橙 100 克。

做法

❶ 橙洗淨後挖出果肉；木瓜洗淨，去皮除籽，切塊。

❷ 把橙肉、木瓜塊放入榨汁機，加入涼開水一起榨汁即可。

木瓜

低 熱量　　**低** 升糖指數

橙

中 熱量　　**低** 升糖指數

橙中的維他命 P 能保護血管；木瓜含有蛋白分解酶，有助於分解蛋白質和澱粉質，降低血糖。此外，木瓜還含有獨特的番木瓜鹼，有助於糖尿病患者增強體質。

楊桃菠蘿汁

53.1 千卡

12.8 克碳水化合物　0.9 克蛋白質　0.3 克脂肪

楊桃清洗乾淨，
可用刀削掉較薄
的硬邊。

材料 2

楊桃 100 克，
菠蘿肉 50 克。

做法

❶ 將楊桃洗淨，切塊。

❷ 將切好的楊桃與菠蘿肉同放榨汁機中，加入
涼開水榨汁即可。

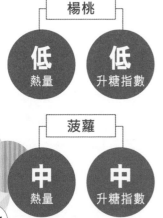

楊桃

低	低
熱量	升糖指數

菠蘿

中	中
熱量	升糖指數

楊桃可促進食物消化，改善糖尿病患者的胃
腸功能。楊桃水分多，熱量低，果肉香醇，
有清熱解毒、消滯利咽、通便等功效，還能
降低血糖。對於糖尿病患者來說，菠蘿不宜
多食。

蘆薈檸檬汁

1.4 克碳水化合物　0.2 克蛋白質　0.1 克脂肪

7.4
千卡

蘆薈具有抗炎、美容、健胃下泄、強心活血的作用。

材料 3

蘆薈 50 克，檸檬 10 克，代糖適量。

做法

① 將蘆薈洗淨、去皮，切成小方丁。

② 檸檬切片，搗碎出汁。

③ 將搗好的檸檬和適量涼開水混合，放入代糖攪拌均勻。

④ 將蘆薈丁放入檸檬水內即可。

檸檬

低
熱量

低
升糖指數

檸檬含糖量低，且具有止渴生津、祛暑清熱、化痰止咳、健胃健脾、止痛殺菌等功效；蘆薈可抑制炎症、去除疼痛。適量飲用蘆薈檸檬汁有助於減少糖尿病併發症。

番石榴芹菜豆漿

21.8 克碳水化合物　8.3 克蛋白質　3.6 克脂肪

134.4
千卡

新鮮的番石榴搗爛取汁，在飯前飲用，對降低血糖有益。

材料 3

番石榴 100 克，芹菜 20 克，黃豆 10 克。

做法

❶ 番石榴洗淨，去皮，切片。

❷ 芹菜洗淨，切段；黃豆洗淨，浸泡 5 小時。

❸ 把三者放豆漿機，攪打成汁，倒入杯中即可。

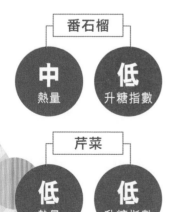

番石榴

中
熱量

低
升糖指數

芹菜

低
熱量

低
升糖指數

番石榴能防止胰腺細胞被破壞，具有預防糖尿病的作用，其作用可能來自於番石榴多糖及其他粗提取物。喝番石榴果汁的患者，血糖較平穩，還能輔助降糖。

雪耳雪梨湯

16.8 克碳水化合物　1.5 克蛋白質　0.2 克脂肪

65.8 千卡

雪耳泡發後會變很多，故請根據食量泡發。

材料

雪耳（乾）10 克，
雪梨 50 克。

做法

❶ 將雪梨洗淨切塊，雪耳用溫水泡發去蒂洗淨。

❷ 雪梨、雪耳同入鍋中，加水煮開後小火燉 40 分鐘，放溫後服用。

雪耳（乾）

中 熱量　**低** 升糖指數

雪梨

中 熱量　**低** 升糖指數

雪耳可增強胰島素降糖活性，增強糖尿病患者的體質和抗病能力；雪梨利咽生津，清熱解暑。本品適宜糖尿病患者經常食用。

柚子汁

9.5 克碳水化合物　0.8 克蛋白質　0.2 克脂肪

42.3
千卡

柚子能生津止渴，在一定程度上可改善糖尿病患者口渴多飲的症狀。

材料 ②

柚子 100 克，
礦泉水適量。

做法

❶ 將柚子去掉外皮和核，掰成小塊。

❷ 加適量礦泉水，一同放入料理機中攪打成汁即可。

柚子中所含維他命 C 是強抗氧化劑，能清除體內的自由基，預防糖尿病、神經病變和血管病變的發生、發展，還能預防糖尿病患者發生感染性疾病。

柚子

中
熱量

低
升糖指數

火龍果紅蘿蔔汁

81.8
千卡

19 克碳水化合物　1.3 克蛋白質　0.3 克脂肪

含有豐富的維
他命和水溶性
膳食纖維。

材料 3

火龍果 100 克，紅蘿蔔
50 克，礦泉水適量。

做法

❶ 將火龍果去皮切小塊；紅蘿蔔洗淨切小塊。

❷ 兩者加適量礦泉水，一同放入料理機中攪打
成汁即可。

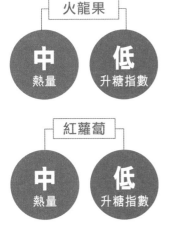

火龍果

中
熱量

低
升糖指數

紅蘿蔔

中
熱量

低
升糖指數

火龍果含有一般植物少有的植物性白蛋白及
花青素，白蛋白對重金屬中毒具有解毒功
效，並且能夠保護胃壁；花青素有抗氧化、
抗衰老的作用，能預防腦細胞變性，抑制阿
爾茨海默症（老年癡呆症）。

黃豆枸杞漿

11.6 克碳水化合物　8.4 克蛋白質　3.4 克脂肪

103.7
千卡

不要食用色澤暗淡、顆粒瘦瘠不完整、有蟲蛀或者有黴變的黃豆。

材料 2

黃豆 20 克，
枸杞子 10 克。

做法

❶ 黃豆浸泡 10 小時，撈出洗淨。

❷ 將枸杞子、黃豆放入豆漿機中，加水打成漿。

❸ 過濾完即可飲用。

黃豆

中	低
熱量	升糖指數

枸杞子

中	中
熱量	升糖指數

黃豆富含膳食纖維，升糖指數低，能延緩身體對糖的吸收。其所含的皂苷能減少血液中膽固醇的含量。黃豆及其製品可有效降低血清膽醇，幫助修復動脈血管壁已遭受的損害。

黑米花生漿

28.5 克碳水化合物　7 克蛋白質　7.5 克脂肪

205.4
千卡

吃黑米時一定要煮爛。

材料 🍵2

黑米 35 克，花生 15 克。

做法

❶ 將黑米、花生洗淨碾碎後放入豆漿機中。

❷ 加水後啟動豆漿機即可。

黑米

中
熱量

低
升糖指數

花生

高
熱量

低
升糖指數

黑米含膳食纖維較多，且澱粉消化速度比較慢，食用後不會造成血糖的劇烈波動，適合作為糖尿病患者的主食。黑米味甘性溫，特別適合伴體虛乏力、小便頻數等症狀的糖尿病患者食用。

檸檬鱈魚通粉

483.2
千卡

76.1 克碳水化合物　22.1 克蛋白質　10.3 克脂肪

加入應季蔬菜，
營養又美味。

材料 7

通粉 100 克，鱈魚 50 克，
檸檬汁、洋葱、鹽、蒜
各適量，橄欖油 5 毫升。

做法

1. 通粉煮熟。
2. 鱈魚加鹽、檸檬汁醃漬；將鱈魚煎熟，備用。
3. 鍋中放入橄欖油燒熱，洋葱、蒜炒香，再加煮熟的通粉翻炒，加少許鹽，翻炒均勻。
4. 將煎好的鱈魚、通粉裝盤，淋上檸檬汁即可。

通粉

中	低
熱量	升糖指數

鱈魚

中	低
熱量	升糖指數

檸檬含糖量低，具有止痛、殺菌等功效，有預防臟器功能障礙和白內障等糖尿病併發症的作用。鱈魚富含 EPA 和 DHA，能夠降低血液中膽固醇、甘油三酯和低濃度脂蛋白的含量。

涼拌蕎麥麵

504.5
千卡

74.4 克碳水化合物　16.6 克蛋白質　17.1 克脂肪

> 麵條煮好後可以
> 過涼開水冰一下。

材料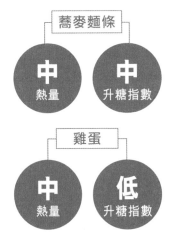

蕎麥麵條 100 克，雞蛋 1 個，豆瓣醬、海苔、葱、鹽各適量，橄欖油 10 毫升。

蕎麥麵條

中	中
熱量	升糖指數

雞蛋

中	低
熱量	升糖指數

做法

❶ 水燒開加入蕎麥麵條，煮 5 分鐘，撈起乾瀝乾水分備用。

❷ 雞蛋煎成薄片，冷後切絲；海苔剪成細絲；葱切葱花。

❸ 另起鍋，加 1 匙豆瓣醬、適量鹽和清水，在鍋內燒開做成淋汁。

❹ 將蕎麥麵盛碟，加入蛋絲、海苔絲，撒上葱花，再淋上汁便可食用。

蕎麥中的黃酮成分、鋅、維他命 E 等，具有改善人體葡萄糖耐量的功效。蕎麥所含蘆丁成分可降低血脂和膽固醇，軟化血管，預防腦血管出血。

大碗燴蓧麵

68.5 克碳水化合物　21.9 克蛋白質　16.9 克脂肪

504.1
千卡

蓧麵可避免血糖生高過快，可補充多種營養素，但需要嚴格控制量。

材料 9

雞肉 50 克，蓧麵 100 克，雞湯 200 毫升，蔥、青椒、鹽、醋、白胡椒粉各適量，香油 5 毫升。

雞肉

中
熱量

低
升糖指數

蓧麵

中
熱量

低
升糖指數

做法

❶ 將雞肉放入鍋中煮熟，撈出，放涼切絲。

❷ 將青椒洗淨切絲；蔥切末，備用。

❸ 取大碗，放入雞肉絲、蔥末、青椒絲、鹽、醋、白胡椒粉、香油，澆入雞湯，調勻。

❹ 把蓧麵煮熟，撈入大碗中，拌勻即可。

蓧麥在禾穀類作物中蛋白質含量最高，含有人體必需的 8 種氨基酸，氨基酸的組成較平衡。蓧麥中的亞油酸，具有降低血液膽固醇的作用。

全麥飯

73.3 克碳水化合物　　10.3 克蛋白質　　2.6 克脂肪

344.5
千卡

粗糧食用過多不易消化，需要嚴格控制量。

材料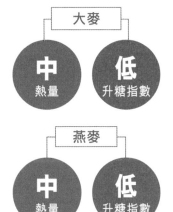

大麥 20 克，蕎麥 20 克，
燕麥 20 克，小麥 20 克，
大米 20 克。

做法

❶ 所有材料浸泡 2 小時。

❷ 放入鍋中，加適量水煮成飯即可。

大麥

中
熱量

低
升糖指數

燕麥

中
熱量

低
升糖指數

大麥和燕麥的升糖指數低，主食講究粗細配搭，有利於控制血糖，但一定要控制攝入量。

粟米粉發糕

74.4 克碳水化合物　9.7 克蛋白質　2.4 克脂肪

350.1
千卡

粟米被譽為長壽食品。

材料

小麥粉、粟米粉各50克，
紅棗、酵母粉各適量。

做法

❶ 將小麥粉、粟米粉混合均勻；酵母粉溶於溫水後倒入小麥粉中，揉成均勻的麵糰。

❷ 將麵糰放入蛋糕模具中，放溫暖處餳發至2倍大。

❸ 紅棗洗淨，加水煮10分鐘；將煮好的紅棗嵌入發好的麵糰表面，入蒸鍋。

❹ 開大火，蒸20分鐘，立即取出，取下模具，切成塊即可。

小麥粉

中
熱量

中
升糖指數

粟米粉

中
熱量

中
升糖指數

粟米中含有豐富的鉻，可增加機體組織對胰島素的敏感性，是胰島素的加強劑。粟米還含有較為豐富的膳食纖維，且升糖指數不高，能夠起到輔助控制血糖的功效。

田園馬鈴薯餅

230.3 千卡

37.3 克碳水化合物　4.9 克蛋白質　12.3 克脂肪

> 馬鈴薯含有豐富的膳食纖維，易使人產生飽腹感，可代主食食用。

材料

馬鈴薯 200 克，青椒 50 克，沙律醬 15 克，澱粉適量。

做法

1. 馬鈴薯洗淨，去皮切塊；青椒洗淨，切末。
2. 馬鈴薯塊煮熟，壓成馬鈴薯泥。
3. 青椒末、沙律醬倒入馬鈴薯泥中拌勻。
4. 將馬鈴薯泥擀成小餅，將做好的餅坯裹上一層澱粉。
5. 餅坯入油鍋煎至兩面金黃色即可。

馬鈴薯

中 熱量　　**中** 升糖指數

青椒

低 熱量　　**低** 升糖指數

> 馬鈴薯滿足了人體對優質澱粉和蛋白質的需求，能控制血糖升高，非常適合糖尿病患者作為正餐食用。

127

豆腐餡餅

78.6 克碳水化合物　18.6 克蛋白質　4.5 克脂肪

422.9
千卡

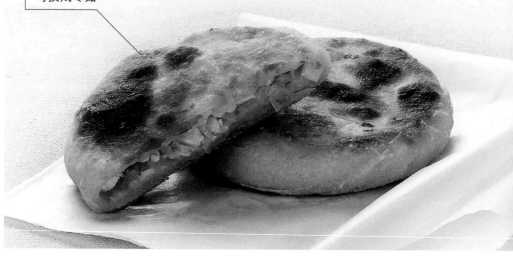

材料中的白菜也
可換成冬菇。

材料 7

小麥粉 100 克，豆腐 80 克，
白菜 50 克，薑末、蔥末、鹽、
植物油各適量。

做法

❶ 豆腐、白菜洗淨，切碎後加入薑末、蔥
末、鹽調成餡。

❷ 小麥粉加水調成麵糰，分 10 等份，擀成
麵皮；餡分 5 份，兩張麵皮中間放 1 份餡，
捏緊。

❸ 將平底鍋燒熱，倒入適量植物油，將餡
餅煎至兩面金黃即可。

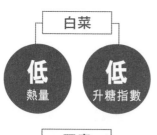

白菜

低
熱量

低
升糖指數

豆腐

中
熱量

低
升糖指數

豆腐不僅營養豐富，且容易消化，熱量
也低，很適合糖尿病患者食用。

黑米粉饅頭

109.7 克碳水化合物　　15.9 克蛋白質　　2.8 克脂肪

519
千卡

作為主食時適量食
用，或僅作點心。
嚴格控制食量。

材料

黑米粉 50 克，小麥粉
100 克，酵母粉適量。

做法

❶ 將小麥粉、黑米粉和酵母粉混合，加入水，
揉成光滑的麵糰，放在溫暖處發酵。

❷ 將麵糰用手反復揉 10 分鐘後搓成長條，切成
面塊。

❸ 將蒸鍋注水，將面胚擺入，蓋上蓋，餳發 20
分鐘。

❹ 先大火燒 15 分鐘，再轉中火蒸 25 分鐘，關
火，再虛蒸 5 分鐘後即可。

小麥粉

中
熱量

中
升糖指數

黑米粉

中
熱量

低
升糖指數

黑米味甘性溫，含膳食纖維較多，且澱粉消
化速度比較慢，食用後不會造成血糖的劇
烈波動。其中的硒可調節體內糖類的正常代
謝，減少動脈硬化等血管併發症的發病率。

菠菜三文魚餃子

75.9 克碳水化合物　21.1 克蛋白質　6 克脂肪

431.9 千卡

適合肥胖型糖尿病患者食用。

材料 7

三文魚 50 克，菠菜 50 克，小麥粉 100 克，鹽、胡椒粉、薑末、澱粉各適量。

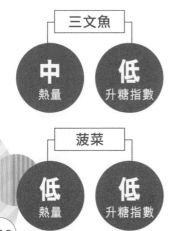

三文魚
中 熱量
低 升糖指數

菠菜
低 熱量
低 升糖指數

做法

❶ 三文魚洗淨、去骨，切丁；菠菜焯水，切末，擠去多餘水分。

❷ 在三文魚中加入鹽、胡椒粉、薑末、清水、澱粉攪拌至黏稠，再加入菠菜碎末攪拌均勻。

❸ 將小麥粉加鹽 2 克，與水混合揉成麵糰，做成餃子皮。

❹ 用做好的三文魚餡料包成餃子，下鍋煮熟即可。

> 三文魚是所有魚類中含奧米加 3 不飽和脂肪酸最多的一種，可改善人體的胰島功能，減少患 2 型糖尿病的可能性；菠菜中含有較多的類胡蘿蔔素等微量元素，並含有膳食纖維，能穩定血糖。

小米貼餅

443.4 千卡

85.2 克碳水化合物　13.7 克蛋白質　5.8 克脂肪

加入適量豆類，可降
低小米的升糖能力。

材料 4

小米 100 克，黃豆粉 20
克，酵母、鹽各適量。

做法

❶ 所有材料加水攪拌成糊。

❷ 取麵糊揉圓後貼在鍋中按癟。

❸ 待一面可輕鬆晃動後再翻另一面烤熟。

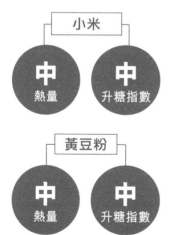

小米
中 熱量　中 升糖指數

黃豆粉
中 熱量　中 升糖指數

小米中含有維他命 B_1，對糖尿病患者的末
梢神經和視覺神經有保護作用，有益於調節
血糖水平。小米能健脾和胃、防治消化不
良、滋補身體，對身體虛弱、脾胃不佳的糖
尿病患者有很好的調補作用。

赤小豆飯

50 克碳水化合物　9.1 克蛋白質　0.4 克脂肪

有行血補血、健脾去濕之效。嚴格控制食量。

材料 2

赤小豆 30 克，
大米 40 克。

做法

❶ 赤小豆浸泡一夜，洗淨。

❷ 鍋中放入適量清水，再放入赤小豆，煮至八成熟。

❸ 把煮好的赤小豆和湯一起倒入淘洗乾淨的大米中，蒸熟即可。

赤小豆
中	低
熱量	升糖指數

大米
中	中
熱量	升糖指數

赤小豆含有較多的膳食纖維，能夠潤腸通便，起到輔助降血糖的作用。赤小豆還含有豐富的 B 族維他命和鐵質、蛋白質、脂肪、糖類、鈣、磷、菸酸等成分，可以清熱利尿、祛濕排毒。

粟米煎餅

596.3
千卡

111.3 克碳水化合物　20.3 克蛋白質　9.7 克脂肪

糖尿病患者在血糖
過高或血糖不穩定
的時候要慎吃。

材料 🍲 6

粟米粉 100 克，小麥粉
50 克，雞蛋 1 個，鹽、
發酵粉、植物油各適量。

做法

❶ 所有材料放水攪拌成糊。

❷ 麵糊表面有氣泡後用小火煎熟即可。

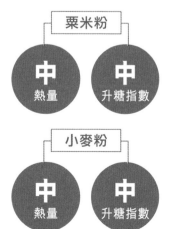

粟米粉

中
熱量

中
升糖指數

小麥粉

中
熱量

中
升糖指數

粟米有健脾利濕、開胃益智、寧心活血的作
用。粟米是肥胖型糖尿病患者及高血壓、血
脂異常患者的理想食材。粟米中所含的黃體
素和粟米黃質可預防老年人眼睛黃斑性
病變。

蕎麥饅頭

342.7
千卡

73.3 克碳水化合物　　10.3 克蛋白質　　1.9 克脂肪

可適量調整小麥粉和蕎麥粉的比例，作為早餐主食。嚴格控制食量。

材料

小麥粉、蕎麥粉各 50 克，
發酵粉適量。

做法

❶ 將所有材料混勻，加水和成麵糰。

❷ 充分發酵後做成饅頭，餳發 20 分鐘，上鍋蒸
40 分鐘。

小麥粉
| 中 | 中 |
| 熱量 | 升糖指數 |

蕎麥粉
| 中 | 低 |
| 熱量 | 升糖指數 |

蕎麥升糖指數低，可代替主食。蕎麥還含有蘆丁，可軟化血管，預防腦血管出血，對防治糖尿病併發血脂異常也有益處。

134

炒蓧麵魚兒

81.1 克碳水化合物　14.6 克蛋白質　17.5 克脂肪

523.4
千卡

蓧麥適合糖尿病
患者食用。

材料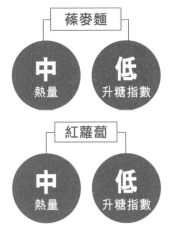

蓧麥粉 100 克，紅蘿蔔
100 克，冬菇（乾）5 克，
葱、乾乾辣椒、薑、鹽各
適量，植物油 10 毫升。

蓧麥麵

中
熱量

低
升糖指數

紅蘿蔔

中
熱量

低
升糖指數

做法

❶ 紅蘿蔔、泡發好的冬菇洗淨切丁；用開水將
蓧麥粉和成麵糰，搓成細長條，呈小魚狀。

❷ 將面魚兒平鋪在蒸屜中，大火蒸 8 分鐘，取
出備用。

❸ 另起鍋，放入植物油，先爆香葱、薑、鹽、
乾乾辣椒，再將紅蘿蔔丁、冬菇丁倒入鍋中
翻炒。

❹ 翻炒均勻後放入蓧麵魚兒，炒勻裝盤。

蓧麥是營養豐富的糧食作物，含有人體必需
的多種氨基酸，其組成較平衡。蓧麥中含有
較多的亞油酸，是人體不能合成的必需脂肪
酸，能預防動脈粥樣硬化。

裙帶菜馬鈴薯餅

17.3 克碳水化合物　5.8 克蛋白質　5.5 克脂肪

151.4
千卡

需要糖尿病患者嚴格控制食量。

材料 5

裙帶菜 15 克，馬鈴薯 100 克，澱粉 20 克，鹽適量，植物油 5 毫升。

做法

❶ 裙帶菜用熱水燙過，切碎；馬鈴薯煮熟，去皮，壓成薯蓉。

❷ 在馬鈴薯泥中加入裙帶菜和鹽攪拌均勻，做成小漢堡的形狀，均勻地沾上澱粉。

❸ 平底鍋中倒入植物油燒熱。

❹ 將沾上澱粉的馬鈴薯餅兩面煎黃即可。

馬鈴薯

中	中
熱量	升糖指數

裙帶菜

中	低
熱量	升糖指數

裙帶菜含有的岩藻黃質，可降低血糖。其含有的特殊的褐藻膠和褐藻聚糖，有降低血壓、降低膽固醇、預防動脈硬化的作用。馬鈴薯可當主食食用。

燕麥麵條

71.8 克碳水化合物　13.1 克蛋白質　12.3 克脂肪

439.6
千卡

可加入瘦肉丁或蝦仁，
葷素配搭，營養更全面。

材料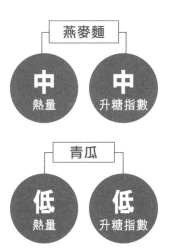

燕麥粉 100 克，青瓜絲 50 克，
白蘿蔔絲 50 克，葱花、鹽、
醋、蒜蓉、醬油各適量，香
油 5 毫升。

燕麥麵

中
熱量

中
升糖指數

青瓜

低
熱量

低
升糖指數

做法

❶ 將燕麥粉製成麵糰，揪小一點的劑子，搓
　成細條。

❷ 將製好的燕麥麵條擺放在籠屜中，蒸熟。

❸ 把蒜蓉、醬油、鹽、醋、香油倒在小碗裏，
　調成鹵汁。

❹ 把麵條取出，拌散，放在碗裏，放青瓜絲、
　葱花、白蘿蔔絲，淋上鹵汁，拌勻。

燕麥的膳食纖維可以延緩糖的吸收，防
止餐後血糖急劇升高，這樣機體儘管只
有較少的胰島素但也能維持代謝。燕麥
還具有潤腸通便，改善血液循環，預防
骨質疏鬆的保健功效。

137

豬肉蓧麥麵

68.6 克碳水化合物　22.4 克蛋白質　20.3 克脂肪

535.5 千卡

蓧麥能降血糖、尿糖，還可減輕糖尿病自覺症狀。

材料 🍜13

蓧麥粉 100 克，豬肉片 50 克，豆角丁、海帶絲、番茄丁、白芝麻、芫茜段、薑片、蒜片、鹽、陳醋、醬油各適量，植物油 10 毫升。

蓧麥麵

中 熱量　　**低** 升糖指數

豬肉

中 熱量　　**中** 升糖指數

做法

❶ 蓧麥粉做成蓧麵魚兒蒸熟備用。

❷ 燒鍋放油，加豬肉片、薑片和蒜片炒出香味，放入鹽和醬油炒至肉片上色，放入各式蔬菜略炒。

❸ 放入適量水煮開，放入蓧麵魚兒同煮，水開時放入鹽及各種調料，裝入大碗，撒上芫茜段、白芝麻即可。

蓧麥是適合糖尿病患者經常食用的食品。蓧麥食後易引起飽腹感，長期食用具有減肥功效。但對於消化不好的兒童和老年人群來說，每餐的食用量不宜過多。

蓮子粥

39.1 克碳水化合物　8 克蛋白質　1.7 克脂肪

198.3
千卡

蓮子可增強胰島素作用，改善糖尿病患者多尿症狀。

材料 3

蓮子 20 克，薏米 20 克，粟米粒 50 克。

做法

❶ 蓮子、薏米提前浸泡，蓮子去芯；將蓮子、薏米、粟米粒淘洗乾淨，放入鍋中。

❷ 加適量水，熬煮 1 小時，等食材熟爛即可。

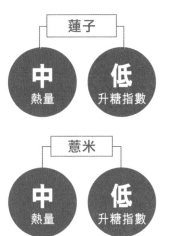

蓮子

中
熱量

低
升糖指數

薏米

中
熱量

低
升糖指數

蓮子是高直鏈澱粉食品，是糖尿病、膽結石和高血壓人群的理想食品，具有防止膽結石形成及降低血液膽固醇的作用。蓮子還對改善糖尿病多尿症狀有一定作用。

燕麥香芹粥

29.4 克碳水化合物　5.5 克蛋白質　3 克脂肪

燕麥能防止餐後血糖的急劇升高。

材料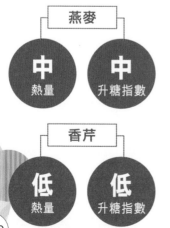

燕麥 40 克，香芹 50 克，鹽適量。

做法

❶ 燕麥淘洗乾淨；香芹洗淨，連葉一起切碎。

❷ 燕麥放入鍋中，加適量清水，煮至粥爛，撒入芹菜碎，調入少許鹽，攪勻即可。

燕麥

中	中
熱量	升糖指數

香芹

低	低
熱量	升糖指數

燕麥中含有的抗氧化劑可以通過抑制黏性分子來有效減少血液中的膽固醇，可預防糖尿病合併血脂異常及冠心病的發生。燕麥還具有潤腸通便、改善血液循環、預防骨質疏鬆的保健功效。

黑米黨參山楂粥

74.7 克碳水化合物　　9.5 克蛋白質　　26 克脂肪

350.1
千卡

黑米中含膳食纖維
較多，食用後不會造
成血糖的劇烈波動。

材料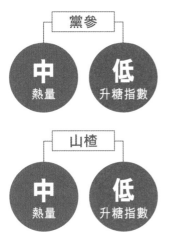

黨參 15 克，山楂 10 克，
黑米 100 克。

做法

❶ 黨參洗淨，切片；山楂洗淨，去核切片；黑
米淘洗乾淨。

❷ 所有材料放入鍋內，加水 800 毫升。燒沸後
小火煮 55 分鐘即可。

黨參

中
熱量

低
升糖指數

山楂

中
熱量

低
升糖指數

黑米中富含黃酮類活性物質，對預防動脈硬
化有很大的作用。黑米中的硒可調節體內糖
類的正常代謝，能防止脂類在血管壁上的沉
澱，可預防動脈硬化及冠心病、高血壓等血
管併發症。

地黃麥冬煮鴨

0.2 克碳水化合物　15.5 克蛋白質　19.7 克脂肪

240 千卡

糖尿病患者吃鴨肉時最好去掉鴨皮，因鴨皮脂肪含量高。

材料 6

鴨肉 500 克，生地黃、麥冬、料酒、薑、鹽各適量。

鴨肉

中 熱量　中 升糖指數

做法

① 將生地黃洗乾淨，切片；將浸泡一夜後的麥冬去梗，洗淨。

② 鴨肉洗淨，切塊；薑拍鬆。

③ 將生地黃、麥冬、鴨肉塊、料酒、薑一起放入砂鍋內，加適量水，大火燒開。

④ 水燒開後改小火燉 35 分鐘，加鹽調味即可。

生地黃能夠增強胰島素的敏感性，對糖尿病患者非常有利；鴨肉中主要是不飽和脂肪酸，能降低膽固醇。鴨肉滋陰補血，薑味辛性溫，一起烹調，可促進血液循環，有益糖尿病患者的血管健康。

芡實鴨肉湯

275.2 千卡

8.2 克碳水化合物　16.3 克蛋白質　19.7 克脂肪

適宜挑選瘦的鴨肉。

材料 🍲3

鴨 1 隻，芡實 10 克，
鹽適量。

做法

① 鴨去毛及內臟，洗淨。

② 將芡實填入鴨腹內。

③ 將鴨放入煲湯鍋內，小火煲 2 小時。

④ 待鴨煮熟爛後加鹽調味即可。

鴨肉

中
熱量

中
升糖指數

芡實是天然補品，有「水中人參」之稱，其含有的糖脂類化合物具有較強抵抗自由基和抗心肌缺血的能力；鴨肉中的脂肪主要是不飽和脂肪酸，有助於降低膽固醇，對糖尿病患者有保健作用，還能預防糖尿病併發血管疾病。

洋參山楂燉烏雞

0.3 克碳水化合物　22.3 克蛋白質　2.3 克脂肪

烏雞連骨燉，滋補效果最佳，適合糖尿病患者補益身體。

材料 7

烏雞 1 隻，西洋參、山楂、蒜、葱、鹽、薑各適量。

做法

❶ 西洋參、山楂洗淨後切成片；蒜去皮後一切兩半；薑切片；葱切段。

❷ 烏雞宰殺後，去毛、內臟及爪並洗淨。

❸ 烏雞置於燉鍋內，加入西洋參、山楂、薑片、葱段、蒜瓣和 1500 毫升清水。

❹ 大火燒沸，撇去浮沫，再用小火燉煮 1 小時，加鹽即可。

烏雞含有抗氧化作用的物質，可改善肌肉強度，延緩衰老，有利於預防糖尿病；烏雞營養豐富，膽固醇和脂肪含量少；山楂能活血通脈，降低血脂，抗動脈硬化，預防糖尿病血管併發症。

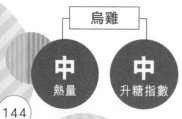

烏雞

中
熱量

中
升糖指數

雞蛋羹

2.8 克碳水化合物　13.3 克蛋白質　8.8 克脂肪

143.9
千卡

雞蛋的蛋白質含量很高，含膽固醇也不少，糖尿病患者每週食 2~3 個即可。

材料 4

雞蛋 2 個，鹽、生抽、蔥花各適量。

做法

❶ 用打蛋器把雞蛋打散後加入少量鹽，再加溫水。

❷ 放蒸鍋隔水蒸 12 分鐘，蒸熟後放生抽、蔥花即可。

雞蛋

中
熱量

低
升糖指數

雞蛋中含有較多維他命 B_2，可防治由高血糖引起的周圍神經病變和眼部病變。雞蛋中的維他命 B_2 能分解脂肪，維持脂類正常代謝，可預防動脈硬化和肥胖症，防治心血管疾病。

五香牛肉

0.4 克碳水化合物　21.5 克蛋白質　3.2 克脂肪

115.9
千卡

材料

牛肉 100 克，花椒、八角、葱、薑、蒜、料酒、醬油、鹽各適量。

做法

❶ 將牛肉放入鍋中，加入沒過肉的清水，大火煮沸後撇去浮沫。

❷ 再將全部調料放入鍋中，大火煮沸後，用中火燜煮 2 個小時即可。

青瓜炒豬肉

3.9 克碳水化合物　20.5 克蛋白質　2.4 克脂肪

204.8
千卡

材料 🍲 7

青瓜 50 克，豬肉 100 克，木耳 25 克，薑、蔥、鹽各適量，植物油 10 毫升。

做法

❶ 青瓜洗淨，切成片；木耳洗淨，撕小片；豬肉切片。

❷ 鍋中倒入植物油，炒香蔥、薑，下入豬肉片炒散，再下入木耳片、青瓜片，加鹽炒勻至熟即可。

青瓜

低 熱量　　低 升糖指數

147

燉老鴨

0.2 克碳水化合物　　15.5 克蛋白質　　24.7 克脂肪

284.1
千卡

適合夏季食用，既補充營養，又可以降暑。

材料 5

鴨肉 100 克，蔥段、薑片、鹽各適量，植物油 5 毫升。

做法

❶ 將鴨肉洗淨，斬小塊。

❷ 油鍋六成熱，爆香蔥段、薑片，放入鴨肉，翻炒後加適量水。

❸ 小火燉煮 1 小時，加鹽即可。

鴨肉

中
熱量

中
升糖指數

鴨肉中的脂肪主要是不飽和脂肪酸，有助於降低膽固醇，對糖尿病患者有保健作用，還能預防糖尿病併發血管疾病。

奇異果肉絲

16 克碳水化合物　21.1 克蛋白質　6.8 克脂肪

204.3
千卡

新鮮綠色的奇異果
維他命含量高。

材料

豬瘦肉 100 克，奇異果
100 克，料酒、胡椒粉、
生粉水、鹽各適量。

做法

❶ 豬瘦肉切絲；奇異果去皮切絲。

❷ 用碗將鹽、料酒、胡椒粉、生粉水兌成芡汁。

❸ 油鍋燒熱，豬肉絲炒散，下奇異果絲略炒，
　倒入芡汁，收汁起鍋即可。

豬瘦肉

中 熱量　**中** 升糖指數

奇異果

低 熱量　**低** 升糖指數

奇異果中的肌醇是天然糖醇類物質，能調節
糖代謝。奇異果屬膳食纖維豐富的低脂肪食
品。特別是奇異果中富含維他命 C，有助於
糖尿病患者增強抗感染的能力。

藥芪燉母雞

8.3 克碳水化合物　20.7 克蛋白質　16.8 克脂肪

267.4
千卡

雞湯有滋補效果，糖尿病患者可適量食用。

材料 🍲5

山藥 20 克，母雞 100 克，黃芪、料酒、鹽各適量。

做法

❶ 母雞剁塊，放入鍋中。

❷ 放入黃芪、料酒，加適量水。

❸ 煮至八成熟，再放入山藥。

❹ 待煮雞肉全熟後，放入適量鹽即可。

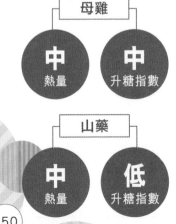

母雞

中 熱量　**中** 升糖指數

山藥

中 熱量　**低** 升糖指數

黃芪能改善人體糖耐量異常的狀況，增強胰島素敏感性，但不影響胰島素分泌；雞肉中的蛋白質含量高，消化率高，易被人體吸收利用，可增強體力，對糖尿病患者有很好的補益功效。

鴛鴦鵪鶉蛋

10 克碳水化合物　11.4 克蛋白質　3.3 克脂肪

109
千卡

鵪鶉蛋膽固醇、脂肪等
含量要比雞蛋低，適合
糖尿病患者食用。

材料 8

鵪鶉蛋 100 克，木耳 10 克，
老豆腐 10 克，青豆 10 克，
生粉水、鹽、料酒、高湯各
適量。

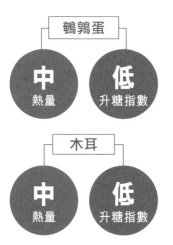

做法

❶ 將 1 個鵪鶉蛋磕開，把蛋白、蛋黃分別放
碗中，其餘煮熟去殼。

❷ 木耳、老豆腐剁碎，加鹽和蛋白調勻成
餡。

❸ 將每個鵪鶉蛋切開，去蛋黃，填入餡料，
用青豆點成眼睛，製成鴛鴦蛋生坯，上籠
蒸 10 分鐘。

❹ 炒鍋上火，放入高湯，加鹽、料酒，湯沸
時用生粉水勾兌成水芡，澆在蛋上即可。

鵪鶉蛋可輔助治療糖尿病、水腫、肥胖
型高血壓等多種疾病。其含有豐富的卵
磷脂，有健腦的作用。

牛奶蠔仔煲

11.6 克碳水化合物　8.3 克蛋白質　10.3 克脂肪

171.1
千卡

可強化骨骼，有利
於糖尿病患者預防
骨質疏鬆。

材料 🍲 8

牛奶 100 毫升，蠔仔肉
100 克，蔥、青蒜、薑、
鹽、蒜各適量，植物油
5 毫升。

做法

① 蠔仔肉洗淨，放入沸水內稍燙即撈起，備用。

② 蒜拍扁，切碎；蔥、薑切絲；青蒜洗淨，切段。

③ 燒熱砂鍋，下植物油，放入薑、蒜、蔥、青
蒜爆香，下蠔仔同爆片刻，倒入牛奶。

④ 加蓋煮七八分鐘，加入剩下的蔥和少許鹽，
炒勻即可。

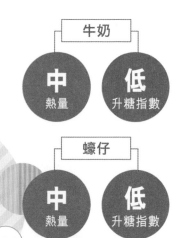

牛奶

中	低
熱量	升糖指數

蠔仔

中	低
熱量	升糖指數

蠔仔是高蛋白、低糖食品，易於消化吸收，
且鋅含量高，食用後可增加胰島素的敏感
性。牛奶是低升糖指數食物，含有大量的
鈣，且鈣、磷比例配搭較合理，容易被吸收，
還能促進胰島素的分泌。

魔芋鴨

2.7 克碳水化合物　16.2 克蛋白質　30.3 克脂肪

344.3
千卡

本品可抑制體內糖
類吸收，尤其適合
糖尿病患者。

材料 🍲10

瘦鴨 100 克，魔芋 50
克，冬菇 15 克，植物油
10 毫升，紅辣椒、青蒜、
料酒、蔥段、薑片、鹽
各適量。

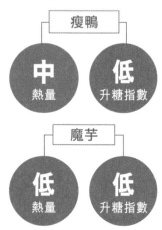

瘦鴨

中
熱量

低
升糖指數

魔芋

低
熱量

低
升糖指數

做法

❶ 瘦鴨剁小塊；冬菇洗淨，切片；青蒜洗淨，
斜切片。

❷ 鍋內加水燒開，下入薑片、鴨塊焯燙後撈出。

❸ 鍋內放植物油燒熱，下薑片、蔥段炒香，下
鴨塊、冬菇、料酒，加清水，大火燒開，改
小火燒至熟爛。

❹ 下入魔芋塊略燒，再放入鹽、紅辣椒，撒上
青蒜片，裝盤即可。

魔芋中的大量水溶性膳食纖維可吸附糖類，
能有效降低餐後血糖，其葡甘露聚糖有抑制
膽固醇吸收的作用；鴨肉中的脂肪主要是不
飽和脂肪酸，有助於降低膽固醇。

芹菜牛肉絲

5.7 克碳水化合物　21.4 克蛋白質　12.5 克脂肪

216.7
千卡

芹菜也可以用紅蘿蔔來代替。

材料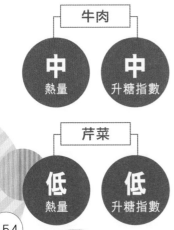

牛肉 100 克，芹菜 100 克，醬油、生粉水、鹽、蔥絲、薑末各適量，橄欖油 10 毫升。

牛肉

中
熱量

中
升糖指數

芹菜

低
熱量

低
升糖指數

做法

❶ 牛肉洗淨，切絲，加醬油、生粉水醃制 1 小時左右；芹菜擇葉，去根，洗淨，切段。

❷ 熱鍋放橄欖油，下薑末和蔥絲煸香，然後加入醃製好的牛肉絲和芹菜段翻炒，可適當加一點清水。

❸ 最後放入適量鹽，出鍋即可。

芹菜富含膳食纖維，能阻礙消化道對糖的吸收，降低血糖，其所含黃酮類物質，可改善微循環，促進糖的轉化；牛肉鋅含量高，鋅能支持蛋白質的合成，增強肌肉力量，提高胰島素合成的效率。

板栗黃燜雞

23.6 克碳水化合物　21.5 克蛋白質　15.3 克脂肪

315.5
千卡

宜選用顏色白裏透紅，手感比較光滑的雞肉。

材料 🍲8

雞胸肉 100 克，板栗 50 克，生粉水、黃酒、葱段、白糖、鹽各適量，橄欖油 10 毫升。

做法

❶ 將板栗切兩半，煮熟後撈出，去殼；雞胸肉切塊。

❷ 油鍋燒熱，爆香葱段，加雞塊煸炒，加清水及鹽、白糖、黃酒，用中火煮。

❸ 煮沸後，用小火燜全雞肉將要酥爛時，倒入板栗一起燜。待酥透後，用生粉水勾芡即可。

雞胸肉

中	低
熱量	升糖指數

板栗

中	中
熱量	升糖指數

雞肉中的蛋白質含量高，而且消化率高，容易被人體吸收利用，可以增強體力，對糖尿病患者有很好的滋補功效。

紅蘿蔔牛蒡排骨湯

10.9 克碳水化合物　18.1 克蛋白質　23.3 克脂肪

323.6 千卡

牛蒡具有降血糖、血壓、血脂，治療失眠，提高人體免疫力等功效。

材料 4

豬小排 100 克，紅蘿蔔 100 克，牛蒡、鹽各適量。

做法

❶ 豬小排洗淨，斬段，焯燙去血沫，洗淨；紅蘿蔔洗淨，切塊；牛蒡刷去表面的黑色外皮，切段。

❷ 把排骨段、牛蒡段、紅蘿蔔塊放入鍋中，加適量清水，大火煮開，轉小火燉 1 小時， 出鍋時加鹽即可。

豬小排

中 熱量　　**中** 升糖指數

紅蘿蔔

中 熱量　　**低** 升糖指數

紅蘿蔔中的胡蘿蔔素、葉酸可抗癌。胡蘿蔔素能在體內轉化為維他命 A，可防治夜盲症、眼乾燥症。紅蘿蔔富含 B 族維他命、視黃醇和胡蘿蔔素，可防治糖尿病併發症。

山藥燉排骨

306.6 千卡

6.9 克碳水化合物　17.7 克蛋白質　23.2 克脂肪

山藥削皮之後要儘快用清水洗手，防止過敏。

材料 7

豬小排 100 克，山藥 50 克，米酒、鹽、薑片、冰糖、枸杞子各適量。

做法

1. 山藥去皮，洗淨切成厚片。
2. 將豬小排用熱水焯燙，洗淨，放入鍋中加水煮 20 分鐘後加入山藥，並加入米酒、薑片、冰糖、枸杞子。
3. 以中火繼續熬煮 15 分鐘，加鹽調味即可。

豬小排

中 熱量　　中 升糖指數

山藥

中 熱量　　低 升糖指數

山藥含有氨基酸、膽鹼、維他命 B_2，是一味平補脾胃的藥食兩用之品，主治糖尿病伴消渴，具有防治糖尿病的作用。

菠菜炒雞蛋

10.4 克碳水化合物　11.9 克蛋白質　15 克脂肪

215.7
千卡

菠菜可先用開水焯燙，以減少草酸含量。

材料 🍜4

菠菜 200 克，雞蛋 1 個，植物油 10 毫升，鹽適量。

做法

❶ 菠菜洗淨，焯水切碎。

❷ 將雞蛋磕入碗內，加鹽，打散，入油鍋炒熟盛出。

❸ 將菠菜炒熟，加入雞蛋拌勻，加鹽調勻即可。

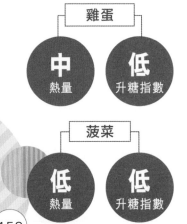

雞蛋

中
熱量

低
升糖指數

菠菜

低
熱量

低
升糖指數

菠菜中的鈣含量較高，配搭磷含量高的雞蛋，有助於人體達到鈣與磷的攝取平衡。糖尿病患者經常食用此菜，可以很好地控制血糖。

青椒炒蛋

256.8 千卡

8.2 克碳水化合物　14.3 克蛋白質　19 克脂肪

> 青椒所含的辣椒素，能夠促進脂肪的新陳代謝，防止體內脂肪積存。

材料 4

雞蛋 2 個，青椒 100 克，鹽適量，橄欖油 10 毫升。

做法

❶ 青椒洗淨，切絲；雞蛋打入碗中，攪勻。

❷ 油鍋燒熱，將雞蛋倒入鍋中，快速翻炒後盛出。

❸ 倒入青椒絲，大火翻炒至剛熟。

❹ 倒入雞蛋，加鹽翻炒後即可。

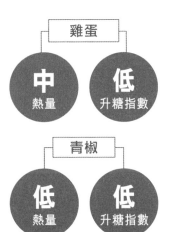

雞蛋
中 熱量　低 升糖指數

青椒
低 熱量　低 升糖指數

> 青椒可促進糖分代謝，降低血糖和尿糖，起到輔助調節血糖作用；雞蛋富含蛋白質，可以補充身體所需營養素。本品適合糖尿病患者食用。

159

雞肉扒小棠菜

2.9 克碳水化合物　20.6 克蛋白質　19.6 克脂肪

267.3
千卡

炒雞肉時去掉雞皮，有利於糖尿病併發血脂異常患者穩定血糖。

材料 🍲5️⃣

雞胸肉 100 克，小棠菜 100 克，鹽、葱花各適量，橄欖油 10 毫升。

做法

① 將雞胸肉洗淨切塊；小棠菜洗淨，切段。

② 油鍋六成熱，放入葱花，煸出香味後放入雞胸肉，大火翻炒片刻，再加入小棠菜，炒熟後，加鹽即可。

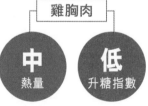

雞胸肉

中
熱量

低
升糖指數

小棠菜

低
熱量

低
升糖指數

雞肉中含有豐富的蛋白質和鋅元素，可降低血糖濃度，增強機體對葡萄糖的利用率。本品營養豐富，糖尿病患者可經常食用。

翠玉瓜炒蝦皮

翠玉瓜和蝦皮富含鈣，可輔助糖尿病患者降糖。

227.1
千卡

> 翠玉瓜含有豐富的鈣，且屬低糖蔬菜，糖尿病患者可多食用。

材料 4

翠玉瓜 100 克，蝦皮 50 克，鹽 2 克，植物油 10 毫升。

做法

1. 將翠玉瓜洗淨，切片；蝦皮洗淨。
2. 鍋內放植物油，將翠玉瓜煸炒至八成熟，加入蝦皮繼續炒至食材熟透，加鹽調味即可。

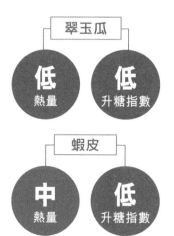

翠玉瓜

低 熱量　　**低** 升糖指數

蝦皮

中 熱量　　**低** 升糖指數

翠玉瓜含有維他命 C，可增強胰島素的作用，調節血糖，有效預防糖尿病。翠玉瓜富含蛋白質和鈣元素，是糖尿病患者的優選蔬菜。翠玉瓜還含有瓜氨酸、腺嘌呤、天門冬氨酸等物質，且鈉含量很低。

太子參煲鴿湯

227.9 千卡

1.7 克碳水化合物　10.5 克蛋白質　17.2 克脂肪

適合體質虛弱的糖尿病患者食用。

材料 🍲4

鴿子1隻，太子參10克，香油3毫升，鹽適量。

做法

❶ 將鴿子洗淨去內臟，把太子參放入鴿子體內。

❷ 把鴿子放入鍋中，加適量水，大火煮沸後，改小火慢燉1小時。

❸ 放入適量香油、鹽即可。分成多份食用。

鴿肉

中 熱量　**低** 升糖指數

太子參

低 熱量　**低** 升糖指數

鴿肉富含優質蛋白，且易於消化，是糖尿病患者補充優質蛋白質的主要肉食之一。能補肝益腎、益氣補血，適合消瘦型糖尿病患者及併發高血壓、血脂異常、冠心病患者食用。

雞絲炒豆角

14.1 克碳水化合物　24.8 克蛋白質　15.4 克脂肪

285.7
千卡

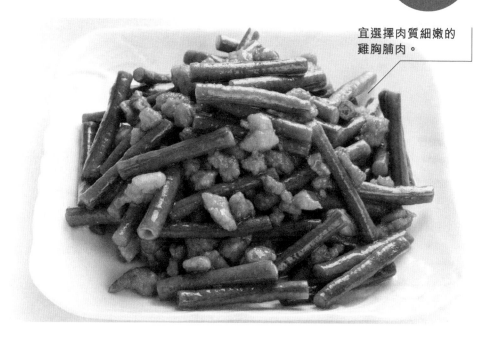

宜選擇肉質細嫩的
雞胸脯肉。

材料 ☕⑦

長豆角 200 克，雞胸肉
100 克，醬油、葱、薑、
鹽各適量，植物油 10
毫升。

做法

❶ 雞胸肉切絲，加少許植物油拌勻。

❷ 長豆角洗淨，切寸段，用大火沸水焯至變色，
撈出控水。

❸ 炒鍋放植物油，下葱、薑熗鍋後放雞絲，炒
至變色。

❹ 加入豆角、醬油、鹽，炒入味即可。

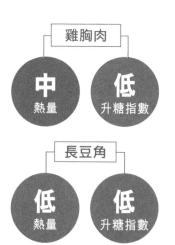

```
雞胸肉
中        低
熱量      升糖指數

長豆角
低        低
熱量      升糖指數
```

雞肉蛋白質含量高，消化率高，易被人體吸
收利用，可增強體力；雞胸肉中含 B 族維他
命，具有消除疲勞、滋潤皮膚的作用；豆角
中含菸酸，是天然的血糖調節劑。

牛肉山藥湯

6.6 克碳水化合物　22.5 克蛋白質　3.3 克脂肪

144.6
千卡

材料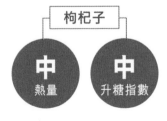

牛肉 100 克，山藥 50 克，枸杞子、葱花、鹽、薑片各適量。

做法

❶ 將牛肉洗淨，切塊，焯水；山藥去皮，切片；枸杞子洗淨。

❷ 鍋中加水，放入牛肉、枸杞子、山藥、葱花、薑片，大火煮開後，小火慢燉 2 小時，最後加鹽即可。

枸杞子

中
熱量

中
升糖指數

枸杞山藥羊肉湯

87.7
千卡

6.3 克碳水化合物　11.2 克蛋白質　2.1 克脂肪

> 枸杞子能提高糖耐量，
> 防止餐後血糖升高。

材料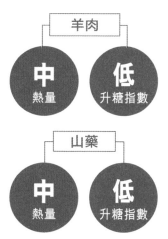

山藥 50 克，羊肉 50 克，
枸杞子適量。

做法

❶ 枸杞子洗淨；山藥去皮，切片；羊肉焯一下，
洗淨。

❷ 鍋中加水，放入枸杞子、羊肉，大火煮開後，
改小火燉 1 小時。

❸ 加入山藥，燉到山藥熟爛即可。

羊肉

中
熱量

低
升糖指數

山藥

中
熱量

低
升糖指數

枸杞子能提高糖耐量，防止餐後血糖過快上
升。山藥中的黏液蛋白質能防止脂肪堆積在
血管壁上，保持血管彈性。此湯適合糖尿病
患者食用。

南瓜瘦肉湯

6.8 克碳水化合物　21 克蛋白質　6.3 克脂肪

南瓜含有的果膠可延緩餐後血糖升高。

材料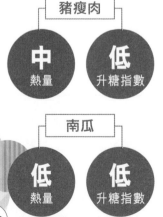

南瓜 100 克、豬瘦肉 100 克，鹽、香油各適量。

做法

❶ 南瓜洗淨，切塊；豬瘦肉洗淨，切片。

❷ 將南瓜、豬瘦肉同入鍋中，加水 700 毫升，煮至瓜爛肉熟，加入鹽、香油調勻即可。

豬瘦肉

中
熱量

低
升糖指數

南瓜

低
熱量

低
升糖指數

南瓜中的鉻是胰島細胞合成胰島素必需的微量元素，鉻能改善糖代謝，適量食用，對糖尿病患者有益。南瓜還有利水功效，對改善糖尿病併發腎病者的水腫症狀有利。

粟米排骨湯

23.5 克碳水化合物　　20.7 克蛋白質　　24.3 克脂肪

390
千卡

宜挑選新鮮、顆粒飽滿的粟米。

材料 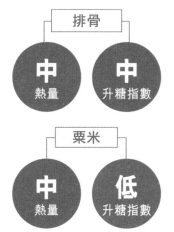4

粟米 100 克、排骨 100 克，鹽、薑各適量。

做法

❶ 將粟米、排骨洗淨，切塊。

❷ 和薑一起放入煲湯鍋中煮熟，再放入鹽即可。

排骨

中
熱量

中
升糖指數

粟米

中
熱量

低
升糖指數

粟米有降血壓、降血糖的功效，是糖尿病患者的理想食品。不同的粟米升高血糖的效果是不一樣的。其中，甜粟米升糖速度最快，黏粟米第二，升糖最慢的是老粟米。吃粟米的時候，最好選擇升糖慢的品種。

雞肉蛋花木耳湯

5 克碳水化合物　17.1 克蛋白質　9.2 克脂肪

168.7
千卡

木耳可提前泡發洗淨，撕成小朵。

材料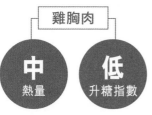

雞胸肉 50 克，雞蛋 1 個，泡發木耳 50 克，澱粉、醬油、料酒、鹽、高湯各適量。

做法

① 雞胸肉橫紋切片，用刀背拍松，加醬油、料酒、澱粉調勻。

② 木耳洗淨。

③ 雞蛋打勻，加少許鹽。

④ 高湯放鍋內煮開，木耳先煮，再放入雞片，最後倒入雞蛋，再煮片刻，加鹽便可。

雞胸肉

中 熱量　**低** 升糖指數

雞蛋

中 熱量　**低** 升糖指數

雞肉、木耳、雞蛋都是低脂高蛋白食品，可行氣健脾、養心寧神、降壓通便。

蘿蔔牛肉湯

145.6
千卡

5 克碳水化合物　19.5 克蛋白質　5.5 克脂肪

適宜在飯前食用。

材料 4

白蘿蔔 100 克、牛肉 100
克，薑片、鹽各適量。

做法

❶ 將牛肉、白蘿蔔洗淨，切塊。

❷ 把煲湯鍋中的水燒開，放入白蘿蔔、牛肉、
薑片燉熟，最後加入鹽即可。

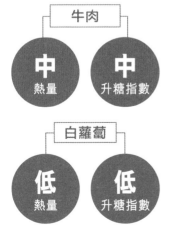

牛肉

中
熱量

中
升糖指數

白蘿蔔

低
熱量

低
升糖指數

牛肉中鋅含量高，可提高胰島素合成的效
率，其中的硒還可促進胰島素合成；白蘿
蔔所含熱量較少，含水分多，糖尿病患者
食後易產生飽腹感，從而控制食物的過多
攝入，保持合理體重。

169

紫菜蛋花湯

2.7 克碳水化合物 7.5 克蛋白質 4.4 克脂肪

79.4 千卡

熱量較低，飯前飲用有飽腹感，降低主食攝入量。

材料 🍲 ⑥

紫菜（乾）3克，雞蛋1個，蔥花、蝦皮、香油、鹽各適量。

做法

❶ 將紫菜洗淨，撕碎放入碗中，加入適量蝦皮。

❷ 雞蛋放入碗中，打成蛋液。

❸ 在鍋中放入適量的水燒開，然後淋入雞蛋液。

❹ 等雞蛋花浮起時，加鹽，倒入紫菜和蝦皮，淋入香油，撒上蔥花即可。

紫菜（乾）

中 熱量　　**低** 升糖指數

雞蛋

中 熱量　　**低** 升糖指數

紫菜中含有豐富的紫菜多醣、蛋白質、脂肪、胡蘿蔔素、維他命等營養物質，特別是其中所含的紫菜多醣能夠有效降低空腹血糖。糖尿病患者可以適當食用紫菜，來輔助降低血糖。

香橙雞肉沙律

235.2 千卡

15.3 克碳水化合物　21.8 克蛋白質　10.5 克脂肪

去皮雞胸肉用水煮熟後食用。

材料 🍲

去皮雞胸肉 100 克，橙 50克、芹菜 50 克，苦苣、葱段、薑片、白酒醋、洋葱碎、黑胡椒、鹽各適量，橄欖油 5 毫升。

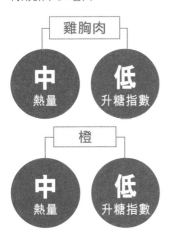

雞胸肉

中 熱量　**低** 升糖指數

橙

中 熱量　**低** 升糖指數

做法

❶ 去皮雞胸肉洗淨，放入加葱段、薑片的沸水中，煮熟，撈出乾瀝乾，晾涼後撕成絲。

❷ 橙去皮去籽，切成小塊；芹菜、苦苣分別洗淨，芹菜斜切成小段，苦苣用手撕成小朵。

❸ 將橄欖油、白酒醋、洋葱碎、鹽和黑胡椒混合攪拌均勻，製成沙律醬汁。

❹ 將食材裝盤，淋上沙律醬汁，攪拌均勻即可。

一份沙律匯集了多種食材，營養全面，且清爽開胃，是不可多得的美食。對於糖尿病患者來説，可以多放蔬菜，少油少鹽，從而有效降低總熱量。

青椒炒鱔段

5.4 克碳水化合物　16.4 克蛋白質　11 克脂肪

182
千卡

糖尿病患者食用時可減少調料的量。

材料 🍵
9
黃鱔 100 克，青椒 100 克，植物油、料酒、雞湯、醬油、薑、鹽、蒜各適量。

黃鱔

| 中 熱量 | 低 升糖指數 |

青椒

| 低 熱量 | 低 升糖指數 |

做法

❶ 黃鱔洗淨切片，加入鹽、料酒拌勻，醃制 10 分鐘；青椒洗淨，切成滾刀塊；薑切絲，蒜剁蓉。

❷ 油鍋爆香薑絲，倒入黃鱔片翻炒 30 秒，盛起待用。

❸ 油鍋下植物油，將薑絲、蒜蓉炒香，放入青椒塊快炒 10 秒，倒入黃鱔片炒 3 分鐘。

❹ 加入 5 湯匙雞湯和適量料酒、鹽、醬油，拌炒入味即可。

黃鱔中的鱔魚素，具有類似胰島素的降血糖作用；但因熱量較高，故不宜多食。

清蒸牙帶魚

126.9
千卡

3.1 克碳水化合物　17.7 克蛋白質　4.9 克脂肪

牙帶魚的升糖指數非常低，適合糖尿病患者食用，需適量。

材料  6

牙帶魚 100 克，生抽、料酒、蔥、薑、鹽各適量。

做法

① 牙帶魚處理好洗淨，切段；薑切絲，蔥切段。

② 牙帶魚加鹽、料酒、薑絲、蔥段抓勻醃製 10 分鐘，上鍋隔水蒸 15 分鐘，淋上生抽即可。

牙帶魚

中
熱量

低
升糖指數

牙帶魚的脂肪多為不飽和脂肪酸，具有降低膽固醇的作用。牙帶魚含有豐富的鎂，對心血管系統有很好的保護作用，有利於預防高血壓等心血管疾病。

西蘭花豆酥鱈魚

212.1 千卡

4.8 克碳水化合物　24.5 克蛋白質　11.1 克脂肪

清蒸鱈魚很大程度上保留了鱈魚的營養價值，適合糖尿病患者食用。

材料

鱈魚 100 克，西蘭花 100 克，豆豉、料酒、胡椒粉、葱末、薑末、鹽各適量，植物油 10 毫升。

鱈魚

中 熱量　低 升糖指數

西蘭花

低 熱量　低 升糖指數

做法

① 鱈魚用適量鹽和料酒醃一下，然後上籠蒸 8~10 分鐘，取出待用。

② 鍋內放植物油，下入葱末、薑末和搗碎的豆豉炒香，再用鹽、胡椒粉調味。

③ 待豆豉炒酥後澆到加工好的鱈魚上。

④ 西蘭花用鹽水焯熟，排在鱈魚周圍即可。

鱈魚富含 EPA 和 DHA，能降低糖尿病患者血液中膽固醇、甘油三酯和低密度脂蛋白的含量，從而降低糖尿病性腦血管疾病的發病率。西蘭花中的膳食纖維能降低腸胃對葡萄糖的吸收。

洋葱炒黃鱔

18 克碳水化合物　　17.6 克蛋白質　　11.2 克脂肪

238.2
千卡

黃鱔富含優質蛋白，適合糖尿病患者適量食用。

材料 🍲6

黃鱔 100 克、洋葱（白皮）100 克，醬油、鹽、薑片各適量，植物油 10 毫升。

做法

① 將黃鱔去腸雜，洗淨切塊；洋葱切片。

② 起油鍋，先放入黃鱔煎半熟。

③ 放入洋葱，翻炒片刻。

④ 加鹽、醬油、薑片、清水少量，燜片刻，至黃鱔熟透即可。

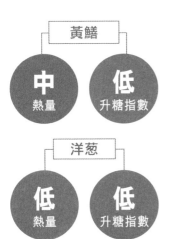

黃鱔

中 熱量　　**低** 升糖指數

洋葱

低 熱量　　**低** 升糖指數

洋葱中的烯丙基二硫化物等含硫化合物，可有效促進脂肪代謝，抑制生糖過程，明顯降低血糖含量。黃鱔體內含有控制糖尿病的高效物質，具有顯著的降血糖和調節糖代謝的作用。

翡翠鯉魚

0.5 克碳水化合物　17.6 克蛋白質　14.1 克脂肪

197.3 千卡

每週食用 1 次即可。

材料 ⑦

鯉魚 100 克，西瓜皮、茯苓皮、生抽、醋、鹽各適量，橄欖油 10 毫升。

做法

❶ 西瓜皮洗乾淨，削去表面綠色硬皮，切成菱形片；茯苓皮洗淨；鯉魚處理好洗淨。

❷ 炒鍋燒熱，倒入油，放入鯉魚稍煎，再加入生抽、醋，蓋上鍋蓋稍燜。

❸ 加入西瓜皮、茯苓皮和 1 杯半清水，用小火燜煮入味。

❹ 最後放鹽即可出鍋。並分成多份食用。

鯉魚

中
熱量

低
升糖指數

西瓜皮含有人體所需的多種營養成分，且不含脂肪和膽固醇，水分多，熱量低；鯉魚含有豐富的鎂，利於降糖。鯉魚的脂肪大部分由不飽和脂肪酸組成，具有良好的降低膽固醇的作用。

蘋果燉魚

270.6
千卡

14.3 克碳水化合物　18.7 克蛋白質　15.9 克脂肪

糖尿病患者不宜過
量食用紅棗。

材料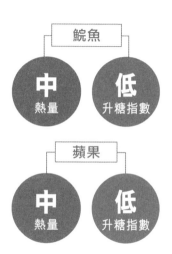

蘋果、鯇魚各 50 克，
豬瘦肉 50 克，植物油、
紅棗、鹽、薑、胡椒粉、
料酒、高湯各適量。

鯇魚

中
熱量

低
升糖指數

蘋果

中
熱量

低
升糖指數

做法

❶ 蘋果洗淨，去皮，切片，用清水浸泡；鯇魚
洗淨斬成塊；豬瘦肉切片；紅棗泡洗乾淨，
去核；薑去皮，切片。

❷ 熱油鍋，下薑片略煎，放入魚塊，小火煎至
兩面稍黃，倒入料酒，加瘦肉片、紅棗、高
湯，中火燉。待燉湯稍白，加入蘋果片，調
入鹽、胡椒粉，再燉 20 分鐘即可。

蘋果中的果膠，能預防膽固醇增高，減少血
糖含量。其所含膳食纖維，可調節機體血糖
水平，預防血糖驟升驟降。鯇魚有利濕、暖
胃、平肝、袪風等功效，與蘋果一起燉食，
補心養氣、補腎益肝。

鯽魚燉豆腐

5.1 克碳水化合物　57.5 克蛋白質　13.9 克脂肪

225
千卡

能給糖尿病患者提供
優質的蛋白質。

材料

鯽魚 100 克，嫩豆腐 50
克，葱花、薑片、料酒、
鹽各適量，植物油 10
毫升。

做法

❶ 嫩豆腐洗淨，切塊；鯽魚去鱗及內臟，洗淨。

❷ 炒鍋入少許植物油，上火燒熱，放入魚煎至
皮略黃。

❸ 將魚、清水、豆腐放入砂鍋內，加入料酒、
薑片，大火燒開。

❹ 再改小火煲 1 小時，加入少許鹽、葱花即可。

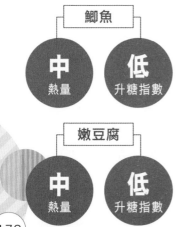

鯽魚

| 中 熱量 | 低 升糖指數 |

嫩豆腐

| 中 熱量 | 低 升糖指數 |

鯽魚所含蛋白質齊全且優質，易被消化吸
收，是糖尿病患者的良好蛋白質來源，可調
補老年糖尿病患者虛弱的體質。大豆及其製
品富含膳食纖維，且升糖指數低，能延緩身
體對糖的吸收。

吞拿魚燒馬蹄粒

6.8 克碳水化合物　28.3 克蛋白質　19.2 克脂肪

308.1
千卡

可將豉汁吞拿魚
罐頭換成鮮魚，
嚴格控制食量。

材料 7

豉汁吞拿魚罐頭 100 克，
馬蹄、紅蘿蔔、芹菜、
冬菇各 20 克，鹽適量，
植物油 10 毫升。

做法

① 馬蹄、紅蘿蔔洗淨，削皮；芹菜洗淨去葉、
老筋；冬菇洗淨。分別切成小丁。

② 熱鍋倒植物油，油熱後將紅蘿蔔丁和冬菇丁
入鍋翻炒，放入馬蹄丁、芹菜丁，倒入吞拿
魚罐頭中的湯汁，繼續翻炒。出鍋前放入吞
拿魚肉和少許鹽翻炒均勻即可。

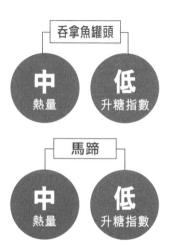

吞拿魚罐頭

中	低
熱量	升糖指數

馬蹄

中	低
熱量	升糖指數

吞拿魚含有較多的奧米加 3 脂肪酸，可改
善胰島功能，增強人體對糖的分解、利用能
力，維持糖代謝的正常狀態；馬蹄含有的
粗纖維和澱粉，可促進大腸蠕動，防止大
便燥結。

鯉魚木耳湯

1.1 克碳水化合物　17.8 克蛋白質　14.1 克脂肪

200 千卡

鯉魚的脂肪多為不飽和脂肪酸，能很好地降低膽固醇。

材料 4

鯉魚 100 克，木耳 10 克，鹽適量，橄欖油 10 毫升。

做法

❶ 將鯉魚去鰓，去鱗，去內臟，洗淨；木耳提前泡發，去蒂洗淨。

❷ 油鍋燒熱，放入鯉魚略煎，放木耳翻炒片刻，加入適量水，用大火燒開，小火燉煮約 15 分鐘，關火，再放適量鹽調味即可。

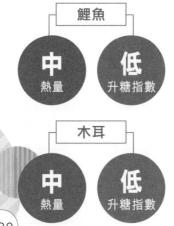

鯉魚

中 熱量　**低** 升糖指數

木耳

中 熱量　**低** 升糖指數

鯉魚含有豐富的不飽和脂肪酸，如亞硝酸、DHA、EPA，利於降糖，保護心血管。糖尿病患者常食鯉魚，可有效預防糖尿病性腦血管病、高脂血症、心血管疾病的發生。

板栗鱔魚煲

22.3 克碳水化合物　20.1 克蛋白質　1.8 克脂肪

183.2
千卡

板栗應少食。

材料 5

鱔魚 100 克，板栗 50 克，薑片、鹽、料酒各適量。

做法

❶ 鱔魚去腸及內臟，洗淨，用熱水燙去黏液。將處理好的鱔魚切成 4 厘米長的段，加鹽、料酒拌勻，備用；板栗洗淨去殼。

❷ 將鱔魚段、板栗、薑片一同放入鍋內，加入適量清水，大火煮沸，轉小火再煲 1 小時。

❸ 出鍋前加鹽調味即可。

鱔魚

中 熱量　　低 升糖指數

板栗

中 熱量　　中 升糖指數

鱔魚體內含有兩種控制糖尿病的高效物質——黃鱔素 A 和黃鱔素 B，這兩種物質具有調節糖代謝的作用。

181

青豆鱈魚丁

21.6 克碳水化合物　23.7 克蛋白質　10.7 克脂肪

269.8
千卡

> 糖尿病患者不宜大量食用青豆，需適量。

材料 🍲 4

青豆 100 克，鱈魚 80 克，鹽適量，植物油 10 毫升。

做法

1. 鱈魚去皮、去骨，切成小丁；青豆洗淨。
2. 上鍋熱油，倒入青豆翻炒片刻，繼而倒入鱈魚丁，加適量鹽一起翻炒，待鱈魚丁熟透即可。

鱈魚

中 熱量　低 升糖指數

青豆

中 熱量　低 升糖指數

鱈魚具備低脂肪、低膽固醇和高蛋白的特點，十分易於人體吸收。鱈魚富含的多烯脂肪酸具有防治心血管病的功效，而且還能抗炎、抗癌、增強免疫功能。

檸檬煎鱈魚

248.2
千卡

1.9 克碳水化合物　27.1 克蛋白質　14.9 克脂肪

> 鱈魚胰腺含有大量的胰島素，有較好的降血糖作用。

材料 6

鱈魚肉 100 克，檸檬 50 克，雞蛋 1 個，鹽、生粉水各適量，植物油 10 毫升。

做法

❶ 將鱈魚肉洗淨，切塊，加鹽醃制片刻；檸檬切片，將適量檸檬汁擠入鱈魚塊中，其他檸檬片擺在盤邊。

❷ 雞蛋取蛋白磕入碗中打散。

❸ 將醃製好的鱈魚塊裹上蛋白和生粉水。

❹ 油鍋燒熱，放鱈魚塊煎至金黃即可。

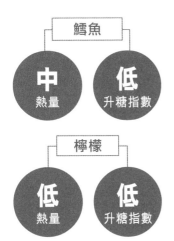

鱈魚

中
熱量

低
升糖指數

檸檬

低
熱量

低
升糖指數

> 檸檬含糖量很低，且具有止渴生津、祛暑清熱、化痰止咳、健胃健脾、止痛殺菌等功效，對糖尿病、高血壓和高脂血症都有很好的防治效果。

馬鈴薯拌海帶絲

20.4 克碳水化合物　3.8 克蛋白質　5.3 克脂肪

把海帶散開，放在蒸籠裏蒸半個小時，再用水沖洗，既嫩又脆。

材料

鮮海帶 150 克，馬鈴薯 100 克，蒜、醋、鹽各適量，辣椒油 5 毫升。

做法

❶ 蒜去皮，洗淨剁成末；鮮海帶洗淨後切成絲。

❷ 馬鈴薯洗淨，去皮後切成絲，放入沸水鍋中焯一下。

❸ 蒜末、醋、鹽和辣椒油同放一個碗內調成調味汁。

❹ 將調味汁澆入馬鈴薯絲和海帶絲中，拌勻即可。

馬鈴薯

中 熱量　**中** 升糖指數

鮮海帶

低 熱量　**低** 升糖指數

海帶中的海帶多糖能改善糖尿病患者的糖耐量，對胰島細胞有保護作用。海帶多醣的有效成分，可減少動脈粥樣硬化斑塊的形成和發展。

蝦皮海帶絲

4.4 克碳水化合物　5.1 克蛋白質　5.4 克脂肪

84.1
千卡

此菜含有豐富的礦物質，對糖尿病患者有益。

材料 🍵 **7**

海帶絲 200 克，蝦皮 10 克，紅椒、馬鈴薯各 20 克，薑、鹽各適量，香油 5 毫升。

做法

❶ 紅椒洗淨，切絲；馬鈴薯洗淨，去皮切絲；薑洗淨，切細絲；蝦皮洗淨。

❷ 鍋中加清水燒沸，將海帶絲、馬鈴薯絲煮熟軟，撈出裝盤，待涼後將薑絲、蝦皮及紅椒絲撒入，加鹽、香油拌勻。

蝦皮

中 熱量　　**低** 升糖指數

海帶絲

低 熱量　　**低** 升糖指數

海帶營養價值很高，含有豐富的碘等礦物質元素，且熱量低，具有降血脂、降血糖、調節免疫、抗凝血、抗腫瘤、排鉛解毒和抗氧化等多種功效。

鯽魚湯

3.8 克碳水化合物　17.1 克蛋白質　7.7 克脂肪

152.2 千卡

對脾胃虛弱的糖尿病患者有很好的滋補食療作用。

材料 5

鯽魚 100 克，料酒、葱花、鹽各適量，橄欖油 5 毫升。

做法

1. 鯽魚洗淨，去內臟，入沸水焯一下。
2. 油鍋六成熱，爆葱花，放入鯽魚，翻炒後加入料酒，再加入適量水燉煮。
3. 快熟時，加入鹽調味即可。

鯽魚

中 熱量　　**低** 升糖指數

鯽魚所含的蛋白質質優，容易消化吸收，經常食用，可補充營養，增強抗病能力。鯽魚有健脾利濕、和中開胃、活血通絡、溫中下氣的功效，對脾胃虛弱、水腫、潰瘍、氣管炎、哮喘、糖尿病有很好的滋補食療作用。

蠔仔海帶湯

99.2
千卡

12.4 克碳水化合物　7.7 克蛋白質　2.3 克脂肪

> 特別適合糖尿病併發動脈硬化患者食用。

材料 6

蠔仔 2 個，水發海帶 200 克，枸杞子 10 克，薑、蔥、鹽各適量。

做法

❶ 把蠔仔、水發海帶分別洗淨。

❷ 鍋中依次放入蠔仔、海帶、薑、蔥、清水、枸杞子，大火煮沸後，改小火慢燉至蠔仔熟爛。

❸ 放入適量鹽調味即可。

蠔仔

中 熱量　　**低** 升糖指數

海帶

低 熱量　　**低** 升糖指數

蠔仔所含蛋白質中有多種優良的氨基酸，這些氨基酸有解毒作用，可以去除體內的有毒物質，其中的氨基乙磺酸又有降低膽固醇濃度的作用，因此可預防動脈硬化等糖尿病血管併發症。

附錄

食物血糖生成指數（GI）表

食品種類	GI
混合膳食	
1 豬肉燉粉條	16.7
2 餃子（三鮮）	28
米飯＋菜	
3 米飯＋魚	37
4 米飯＋芹菜＋豬肉	57.1
5 米飯＋蒜苗	57.9
6 米飯＋蒜苗＋雞蛋	68
7 米飯＋豬肉	73.3
8 硬質小麥粉肉餡餛飩	39
9 包子（芹菜豬肉）	39.1
麵食＋菜	
10 饅頭＋芹菜炒雞蛋	48.6
11 饅頭＋醬牛肉	49.4
12 饅頭＋牛油	68
13 餅＋雞蛋炒木耳	48.4
14 粟米麵＋人造牛油（煮）	69
15 牛肉麵	88.6
穀類雜糧及其製品	
大麥	
16 整粒大麥（煮）	25
17 大麥粉（煮）	66
18 整粒黑麥（煮）	34
19 整粒小麥（煮）	41
20 蕎麥即食麵	53.2
21 蕎麥（煮）	54
22 蕎麥麵條	59.3
23 蕎麥粉饅頭	66.7

食品種類	GI
粟米	
24 粟米（甜，煮）	55
25 （粗磨）玉米糝（煮）	68
26 二合麵饅頭	64.9
米飯	
27 黑米飯	55
28 大米飯（煮1分鐘）	46
29 大米飯（煮6分鐘）	87
半熟大米	
30 含直鏈澱粉低的半熟大米（煮，粘米類）	50
31 含直鏈澱粉低的半熟大米（煮）	87
白大米	
32 含直鏈澱粉高的白大米	59
33 含直鏈澱粉低的白大米（煮，粘米類）	88
34 大米飯	83.2
35 小米飯（煮）	71
36 糙米飯（煮）	87
37 糯米飯	87
麵條	
38 強化蛋白質的意大利式細麵條	27
39 意大利式全麥粉細麵條	37
40 白色意大利式細麵條（煮15~20分鐘）	41
41 意大利式硬質小麥細麵條（煮12~20分鐘）	55

食品種類		GI
42	線麵條（通心麵粉，實心，粗約 1.5 毫米）	35
43	通心粉（管狀，粗）	45
44	粗的硬質小麥扁麵條	46
45	加雞蛋的硬質小麥扁麵條	49
46	細的硬質小麥扁麵條（掛麵）	55
47	麵條（一般的小麥麵條）	81.6
大麥麵包		
48	75%~80% 大麥粒麵包	34
49	50% 大麥粒麵包	46
50	80%~100% 大麥粉麵包	66
51	混合穀物麵包	45
52	含有水果乾的小麥麵包	47
53	50%~80% 碎小麥粒麵包	52
54	粗麵粉麵包	64
55	漢堡包	61
56	新月形麵包	67
57	白高纖維小麥麵包	68
58	全麥粉麵包	69
59	高纖維的小麥麵包	68
60	去麵筋的小麥麵包	70
61	長法包麵包	90
62	白麵包	87.9
63	45%~50% 燕麥麩麵包	47
64	80% 燕麥粒麵包	65
65	黑麥粒麵包	50
66	黑麥粉麵包	65
熟食早餐		
67	稻麩	19
68	全麥維	42
69	燕麥麩	55
70	小麥片	69
粟米片		
71	高纖維粟米片	74
72	粟米片	78.5

食品種類		GI
73	可可米	77
74	卜卜米	88
粥		
75	玉米粥	50.9
76	黑米粥	42.3
77	玉米糝粥	51.8
78	黑五類粥	57.9
79	小米粥	61.5
80	大米糯米粥	65.3
81	大米粥	69.4
82	即食羹	69.4
83	桂格燕麥片	83
麵點		
84	爆玉米花	55
85	酥皮糕點	59
86	披薩餅（含乳酪）	60
87	蒸粗麥粉	65
88	油條	74.9
89	烙餅	79.6
90	饅頭（富強粉）	88.1
豆類		
大豆		
91	大豆罐頭	14
92	大豆（浸泡，煮）	18
蠶豆		
93	五香蠶豆	16.9
94	蠶豆	79
扁豆		
95	扁豆	38
96	紅小扁豆	26
97	綠小扁豆	30
98	小扁豆湯罐頭	44
99	綠小扁豆罐頭	52
豆腐		
100	凍豆腐	22.3

食品種類		GI
101	豆腐乾	23.7
102	燉鮮豆腐	31.9
四季豆		
103	四季豆	64
104	高壓處理的四季豆	34
105	四季豆罐頭	52
綠豆		
106	綠豆	27.2
107	綠豆掛麵	33.4
利馬豆		
108	利馬豆＋5克蔗糖	30
109	利馬豆（棉豆）	31
110	利馬豆＋10克蔗糖	31
111	冷凍嫩利馬豆	32
112	利馬豆＋15克蔗糖	54
113	粉絲湯	31.6
114	乾黃青豆	32
115	裂莢的老青豆湯	60
116	嫩青豆湯罐頭	66
鷹嘴豆		
117	鷹嘴豆	33
118	咖喱鷹嘴豆罐頭	41
119	鷹嘴豆罐頭	42
青刀豆		
120	青刀豆	39
121	青刀豆罐頭	45
其他豆類		
122	黑眼豆	42
123	羅馬諾豆	46
124	黑豆湯	64
125	大豆掛麵	66.6
根莖類食品		
馬鈴薯		
126	馬鈴薯粉條	13.6
127	甜馬鈴薯（白薯、紅薯）	54

食品種類		GI
128	油炸馬鈴薯片	60.3
129	用微波爐烤的馬鈴薯	82
130	鮮馬鈴薯	62
131	煮馬鈴薯	66.4
132	馬鈴薯泥	73
133	馬鈴薯即食食品	83
134	無油脂燒烤馬鈴薯	85
其他根莖類食品		
135	雪魔芋	17
136	藕粉	32.6
137	苕粉	34.5
138	芋頭	47.7
139	山藥	51
140	甜菜	64
141	紅蘿蔔	71
142	煮番薯	76.7
牛奶食品		
奶粉		
143	低脂奶粉	11.9
144	降糖奶粉	26
145	老年奶粉	40.8
146	克糖奶粉	47.6
低脂酸乳酪		
147	低脂酸乳酪(加人工甜味劑)	14
148	低脂酸乳酪（加水果和糖）	33
其他奶製品		
149	一般的酸乳酪	36
150	酸奶（加糖）	48
牛奶		
151	牛奶（加人工甜味劑和巧克力）	24
152	全脂牛奶	32
153	牛奶	27.6
154	脫脂牛奶	27
155	牛奶（加糖和巧克力）	34

食品種類		GI
156	牛奶蛋糊（牛奶＋澱粉＋糖）	43
雪糕		
157	低脂雪糕	50
158	雪糕	61
餅乾		
159	達能牛奶香脆	39.3
160	達能閒趣餅乾	47.1
161	燕麥粗粉餅乾	55
162	油酥脆餅	64
163	高纖維黑麥薄脆餅乾	65
164	營養餅	65.7
165	竹芋粉餅乾	66
166	小麥餅乾	70
167	蘇打餅乾	72
168	華夫餅乾	76
169	香草華夫餅乾	77
170	格雷厄姆華夫餅乾	74
171	膨化薄脆餅乾	81
172	米餅	82
水果及其製品		
173	櫻桃	22
174	梨子	24
175	柚子	25
桃		
176	鮮桃	28
177	大然果汁桃罐頭	30
178	糖濃度低的桃罐頭	52
179	糖濃度高的桃罐頭	58
香蕉		
180	生香蕉	30
181	熟香蕉	52
杏		
182	杏乾	31
183	淡味果汁杏罐頭	64

食品種類		GI
其他水果類		
184	梨	36
185	蘋果	36
186	橘子	43
187	奇異果	52
188	芒果	55
189	番荔枝	58
190	麝香瓜	65
191	菠蘿	66
192	西瓜	72
果汁飲料		
193	水蜜桃汁	32.7
194	蘋果汁	41
195	巴梨汁罐頭	44
196	未加糖的菠蘿汁	46
197	未加糖的柚子果汁	48
198	橘子汁	57
碳酸飲料		
199	可樂	40.3
200	芬達飲料	68
糖及其他		
糖		
201	果糖	23
202	乳糖	46
203	蔗糖	65
204	蜂蜜	73
205	綿白糖	83.8
206	葡萄糖	100
207	麥芽糖	105
其他		
208	花生	14
209	番茄湯	38
210	巧克力	49
211	南瓜	75
212	膠質軟糖	80

注：此數據來自《中國食物成分表》（第二版）。

主編
楊長春

責任編輯
李穎宜

裝幀設計
鍾啟善

排版
辛紅梅

出版者
萬里機構出版有限公司
香港北角英皇道499號北角工業大廈20樓
電話：2564 7511
傳真：2565 5539
電郵：info@wanlibk.com
網址：http://www.wanlibk.com
　　　http://www.facebook.com/wanlibk

發行者
香港聯合書刊物流有限公司
香港新界大埔汀麗路36號
中華商務印刷大廈3字樓
電話：2150 2100
傳真：2407 3062
電郵：info@suplogistics.com.hk

承印者
中華商務彩色印刷有限公司
香港新界大埔汀麗路36號

出版日期
二零一九年九月第一次印刷
二零二三年六月第三次印刷

規格
特 16 開（240mm x 170mm）

糖尿病
一日三餐 怎麼吃
新版

@2019年 楊長春主編《糖尿病一日三餐怎麼吃》
本作品繁體字版由江蘇鳳凰科學技術出版社/漢竹授權香港萬里機構出版有限公司出版發行。